序

　　隨 Fintech 科技發展，金融業應加強法遵科技(RegTech)的運用，善用電腦稽核、數據分析與 AI 人工智慧技術，方能確保法令遵循，落實風險基礎稽核，降低合規成本。AI 人工智慧時代來臨，需選用正確工具，才能迎向新的機會與挑戰。筆者從事 AI 人工智慧稽核相關工作多年，JCAATs 為 AI 語言 Python 所開發的新一代稽核軟體，可同時於 PC 或 MAC 環境執行，除具備傳統電腦輔助稽核工具(CAATs)的數據分析功能外，更包含許多人工智慧功能，如文字探勘、機器學習、資料爬蟲等，讓稽核分析可以更加智慧化。

　　機器學習(Machine Learning)使得事前稽核成為可能，但撰寫或調整人工智慧演算法對大多數人而言仍很困難，因此需要簡單易用的工具來輔助。GRC(治理、風險管理與法規遵循)相關從業人員，需要開始學習新的科技技術，不能僅仰賴資訊人員，國際電腦稽核教育協會(ICAEA)強調:「熟練一套 CAATs 工具與學習查核方法，來面對新的電子化營運環境的內稽內控挑戰，才是正道」。

　　本教材以保險業如何進行電腦稽核，從承保到收款作業控制有效性查核，到如何運用 AI 人工智慧機器學習，有效預測業務挪用客戶保費等高風險事項，將事後稽核提升至事前防範和預測層面。唯有通過改變傳統且無效的稽核方式，方能落實內控三道防線，協助實現法遵科技 (RegTech)，確保遵循消費者保護等相關法令，經由國際電腦稽核教育協會(ICAEA)認證，由專業稽核實務顧問群精心編寫，提供完整實例演練資料，並可申請取得 AI 稽核軟體 JCAATs 教育版，學員可透過簡單的指令，應用內建的機器學習演算法，實現風險預測性稽核。

　　歡迎會計師、內部稽核、法遵、風控等各階管理者及大專院校師生等對 AI 稽核有興趣深入瞭解者，共同參與學習，提前預警與降低各項風險。

JACKSOFT 傑克商業自動化股份有限公司
ICAEA 國際電腦稽核教育協會大中華分會
黃秀鳳總經理/分會長
2023/09/18

電腦稽核專業人員十誡

　　ICAEA 所訂的電腦稽核專業人員的倫理規範與實務守則，以實務應用與簡易了解為準則，一般又稱為『電腦稽核專業人員十誡』。 其十項實務原則說明如下：

1. 願意承擔自己的電腦稽核工作的全部責任。

2. 對專業工作上所獲得的任何機密資訊應要確保其隱私與保密。

3. 對進行中或未來即將進行的電腦稽核工作應要確保自己具備有足夠的專業資格。

4. 對進行中或未來即將進行的電腦稽核工作應要確保自己使用專業適當的方法在進行。

5. 對所開發完成或修改的電腦稽核程式應要盡可能的符合最高的專業開發標準。

6. 應要確保自己專業判斷的完整性和獨立性。

7. 禁止進行或協助任何貪腐、賄賂或其他不正當財務欺騙性行為。

8. 應積極參與終身學習來發展自己的電腦稽核專業能力。

9. 應協助相關稽核小組成員的電腦稽核專業發展，以使整個團隊可以產生更佳的稽核效果與效率。

10. 應對社會大眾宣揚電腦稽核專業的價值與對公眾的利益。

目錄

 Python Based 人工智慧稽核軟體

電腦稽核實務個案演練
金融AI稽核
-保險業務挪用客戶保費預測性查核

傑克商業自動化股份有限公司

JACKSOFT為經濟部能量登錄電腦稽核與GRC(治理、風險管理與法規遵循)專業輔導機構,服務品質有保障

1

AI智能稽核於金融保險業
實務應用

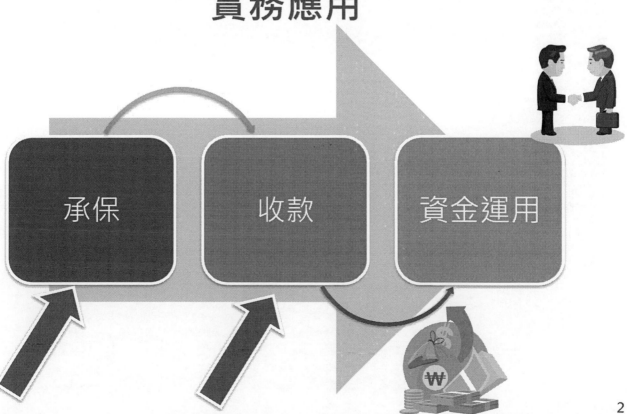

2

相關法令規定與實務要點與技巧說明

防不肖業務員侵占保費 保險局訂六道防線

2019-12-23 06:08 聯合報／記者盧瑞隆／台北即時報導

不肖保險業務員惡意挪用客戶保費的情況頻傳，金管會日前同，保經、保代都要建立起「三道防線」，確實控管旗下業發生不肖行為，將檢核機制是否建置完善，否則可視為內稽路。

udn.com/news/story/7239/4243112

聯合報 即時 要聞 娛樂 運動 全球 社會 產經 股市 房市 健康 生活 文教 評論 地方 兩岸 旅遊

第二，保險公司應建置事前宣導、事中控管、事後查核三道控管機制，避免業務員擅自為保戶投保、簽收保單、契約轉換、理賠、解約、投資標的變更及未經授權而代收保險費，包括匯款至業務員個人戶頭。

法規資訊	回首頁 法規資訊 最新法令函釋
最新法令函釋	最新法令函釋
法規草案報告	
保險法及相關法規	訂定保險業保險經紀人公司及保險代 戶款項相關內控作業規定
強制汽車責任保險法及相關法 規	2019-12-12
行政規則	金融監督管理委員會
保險法令判解查詢系統	發文日期：中華民國108年12月12日 發文字號：金管保綜字第10804368621號 訂定「保險業保險經紀人公司及保險代理人公司防 員挪用侵占保戶款項相關內控作業規定」 附「保險業保險經紀人公司及保險代理人公司防 員挪用侵占保戶款項相關內控作業規定」

相關附件
保險業保險經紀人公司及保險代理人公司防

索閱人次：7924 更新日期：2019-12-12

同一手機號碼，及是否有同一保險業務員招攬的保件共用同一IP位址進行交易投保帳號及密碼應由保戶自行設定，不得由業務員幫保戶更換密碼。

收據，應建明或收據。

電話、手

保險業保險經紀人公司及保險代理人公司防範保險業務員挪用侵占保戶款項相關內控作業規定

一、 依保險業內部控制及稽核制度實施辦法第五條第一項第十四款、保險經紀人管理規則第三十三條及保險代理人管理規則第三十三條規定辦理。

二、 保險業、保險經紀人公司及保險代理人公司應建立防範保險業務員挪用、侵占保戶款項相關內控作業，以杜絕保險業務員挪用、侵占保戶款項情事。

三、 保險業、保險經紀人公司及保險代理人公司應建立保險業務員管理制度且應至少包括下列事項：

(一)於登錄保險業務員前，應採行盡職調查程序，建立適當機制瞭解業務員品性素行、專業知識、信用及財務狀況，亦應瞭解其是否涉有保險業務員管理規則第七條及第十九條之情事。

(二)對於現職保險業務員亦應定期或不定期瞭解是否有保險業務員

---

https://www.phew.tw/article/cont/phewpoint/current/topic/7136/201908127136

○壽業務偽造假保單　7年侵占保費2千萬

○光人壽業務員偽造保單詐騙保戶，圖為受害保戶出示假保單。記者戴瑞瑤／攝影

○光人壽爆發不肖業務員偽造假保單詐騙長達七年，甚至侵占保費高達兩千萬元，受害保戶至少十三人，

責任

法處理

偽造保單○壽業務員私吞2千萬保費

文/編輯部｜《現代保險》雜誌｜2019.08.12 (新聞)

金管會重罰○壽2760萬 董座吳○進遭停職
更多相關新聞 · 請訂閱 @ustvnews

獨家！郵局驚爆員工侵占4億保費 保險局：最重罰300萬！

2017年07月24日 21:02 工商 魏喬怡、洛彬翔

繼四家銀行行員盜領客戶存款，中○郵政瑞○分局也驚傳員工侵占客戶4億元保費。此案是金管會檢查局金檢時發現，有郵局員工向客戶銷售「蠆繳」保單，但實際是收了客戶大筆現金後，投保分期繳保單，自己再逐年替客戶繳交保費。

中○郵政主任秘書暨發言人藍○貞指出，初步了解是壽險經辦人員，為達銷售保單目標，跟民眾號稱可以蠆繳，該名壽險經辦人員向民眾收款後，再每月幫忙繳保費，並非員工盜領，至於詳細金額及是否違法等相關事宜，藍○貞說，正在深入了解案中。

藍○貞說，郵局沒有蠆繳的保單
名員工如此處理，該名員工跟民
工幫民眾收取保費後，放在員工
月、每月固定繳納，並有列出保
少繳保費。

外傳此次涉案金額高達4億元，
且4億元保費是涉及多少保戶、
已進行多久、郵局員工是否有先
或是替同一保戶投保多張保單？
額、確切的影響人數，都還在進
任何明確的數字。

資料來源:工商時報/蘋果日報

前○邦人壽女業務侵吞19萬保費 被訴

2016年09月09日 11:22 中時 陳志賢

前○邦人壽保險公司朱姓女業務員，疑因經濟困難，竟4度向保戶謊稱可替其代收保費，卻將部分保費中飽私
9萬多元；台北

年10月間，在
務及向客戶收
收取續保費用
13萬3682元。

保戶誑稱自己
戶誤信，交付

@新北○芳郵局
侵占保戶近3億元保費

○山人壽 禁止徵員三個月

2009/04/24

【經濟日報／記者李○慧、雷○／台北報導】

○山人壽爆發業務員集體舞弊案，金管會23日表示，○山高雄分公司旗下11名業務員利用送金單不法吸金3億元，已涉及詐欺、背信、偽造文書等刑責，金管會因此處分○山300萬元，並勒令該公司三個月內不得招募業務員。

保險局表示，○山人壽主要靠業務員招攬保單，徵員對該公司相當重要，因此限制該公司三個月不得徵員是很重的處分。

保險局表示，目前此案已經移送法辦，受害人共96名。由於這3億元已進入11名業務員私人帳戶，如果檢調認為這96名保戶是單純的受害人，金管會將要求○山人壽負起連帶賠償責任。

目前○山人壽登錄的業務員共3.5萬名。金管會表示，○山人壽高雄分公司業務員在93年到97年之間，長期以「定存專案」對外招攬，並利用送金單不法吸金，卻沒有幫保戶投保，且很多保戶以為自己買的是存款商品。

去年○山人壽母公司美國國○集團（AIG）爆發財務危機，高雄分公司不少保戶要求「解約定存」，高雄分公司資金無法周轉，才向總公司坦承弊案。○山總公司立即通報金管會，並向檢調單位舉發，目前檢調單位正在調查。

金管會表示，○山人壽內控與執行欠妥，且未善盡業務員管理責任，導致重大弊端，嚴重影響保戶權益。但金管會考量該公司是自行發現並主動報告，因此只罰緩300萬元。

資料來源:經濟日報
https://newlightpeople.pixnet.n
et/blog/post/331763732

不過，金管會強調，○山人壽違法行為有礙公司健全經營，因此要求解除高雄分公司主管職務，且三個月內不准辦理新進業務員登錄，也就是業務員遇缺不補。

舞弊發生原因
(Why good people do the wrong thing)

動機與壓力
Pressure (Real or Perceived)

機會
Opportunities, Consequences,
and Likelihood of Detection
(Real or Perceived)

Rationalization
行為合理化

舞弊三角形

舞弊行為重複性

7

How Do <u>Insurance Frauds</u> Occur?

- Healthcare Insurance: Providers
  - Excessive billing: Same diagnosis, same procedure.
  - Duplicate charges on patient bills.
  - Doctor and patient with same address.
  - ...

- Healthcare Insurance: Claims
  - Duplicate claims.
  - Fraudulent family members.
  - Incorrect gender specific treatment.
  - ...

- Life Insurance
  - Purchase of multiple products in a short period of time.
  - Missing, duplicate, void or out of sequence check numbers.
  - ...

8

法遵科技應用範疇

外部法遵:
- 政府規定: SOX, FCPA, OFAC....
- 產業規定: HIPAA, PCI DDS, Dodd Frank, OMB A-123, AML....

內部治理:
- ITGC, ISO, COBIT, COSO......

Policy Attestation
Whodunnit, who didn't? Centrally track attestation of corporate policies to assess your workforce's compliance with annual policy and training.

FCPA Compliance
Don't get bitten by the FCPA

Whistle Blower or Incident Hotline
Build a better whistle. A cornerstone of sound ethics and risk management.

Contract Compliance
Take control now! Centrally manage contracts for the very best practice in oversight.

Export Compliance
If you're global and you know it...protect yourself from embarrassing export risks.

Regulatory Compliance
Are 29,000+ regulatory changes per year keeping you up at night? Confidently manage impact and update your business.

Banking & Insurance Compliance
Take the devil out of the details. Manage your financial services regulatory obligations.

Conduct Risk Management
Regulators want proof of conduct assurance. Paint them a pretty picture.

AML Compliance
Keep the regulators out of your laundry.

> 近年來透過資料分析技術(CAATs)來達成內外法遵的要求有明顯的提高趨勢。 --- ICAEA

9

法遵科技的應用

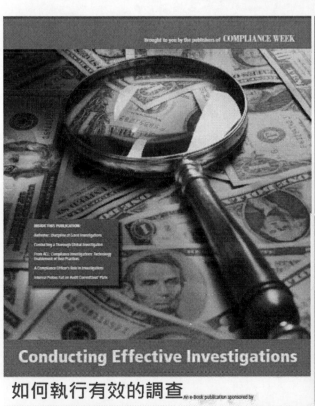

如何執行有效的調查 An e-book publication sponsored by

Conducting Effective Investigations

遠離頭條新聞
Let's stay out of the headlines
Are you tasked with safeguarding your organization? Ineffective and inept internal investigations can be very costly to your bottom line AND reputation.

BRIBERY AND CORRUPTION
THE ESSENTIAL GUIDE TO MANAGING THE RISKS

反貪腐白皮書

10

運用 AI人工智慧
從事後稽核走向事前風險偵測與預防
--結合數位轉型資料分析趨勢

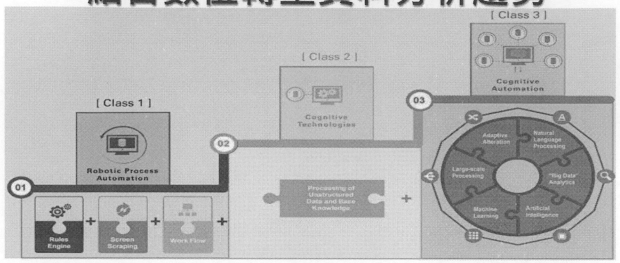

機器人流程自動化
(Robotic Process
Automation, **RPA**)

大數據分析
(Big Data Analytics)
視覺化分析
(Visual Analytics)

機器學習(Machine Learning)
自然語言處理(NLP)
人工智慧(A.I)

11

電腦輔助稽核技術(CAATs)

– **稽核人員角度**所設計的通用稽核軟體，有別於以資訊或統計背景所開發的軟體，以資料為基礎的Critical Thinking(批判式思考)，**強調分析方法論**而非僅工具使用技巧。

– 適用不同來源與各種資料格式之檔案匯入或系統資料庫連結，其特色是強調有科學依據的抽樣、資料勾稽與比對、檔案合併、日期計算、資料轉換與分析，**快速協助找出異常**。

– 由傳統大數據分析 往 AI人工智慧智能分析發展。

C++語言開發
付費軟體
Diligent Ltd.

以VB語言開發
付費軟體
CaseWare Ltd.

以Python語言開發
免費軟體
美國楊百翰大學

JCAATs 智能資料
分析輔助工具
以Python語言開發

12

Audit Data Analytic Activities

ICAEA 2022 Computer Auditing: The Forward Survey Report

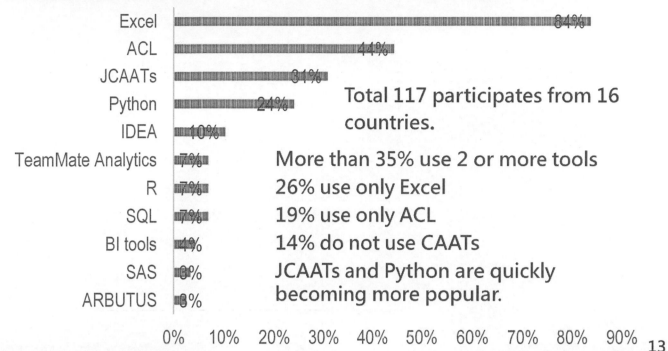

Total 117 participates from 16 countries.

More than 35% use 2 or more tools
26% use only Excel
19% use only ACL
14% do not use CAATs
JCAATs and Python are quickly becoming more popular.

13

AI Audit Software
人工智慧新稽核

　　JCAATs為 AI 語言 Python 所開發新一代稽核軟體，遵循AICPA稽核資料標準，具備傳統電腦輔助稽核工具(CAATs)的數據分析功能外，更包含許多人工智慧功能，如文字探勘、機器學習、資料爬蟲等，讓稽核分析更加智慧化，提升稽核洞察力。

　　JCAATs功能強大且易於操作，可分析大量資料，開放式資料架構，可與多種資料庫、雲端資料源、不同檔案類型及ACL 軟體等介接，讓稽核資料收集與融合更方便與快速。繁體中文與視覺化使用者介面，不熟悉 Python 語言稽核或法遵人員也可透過介面簡易操作，輕鬆產出 Python 稽核程式，並可與廣大免費開源 Python 程式資源整合，讓稽核程式具備擴充性和開放性不再被少數軟體所限制。

14

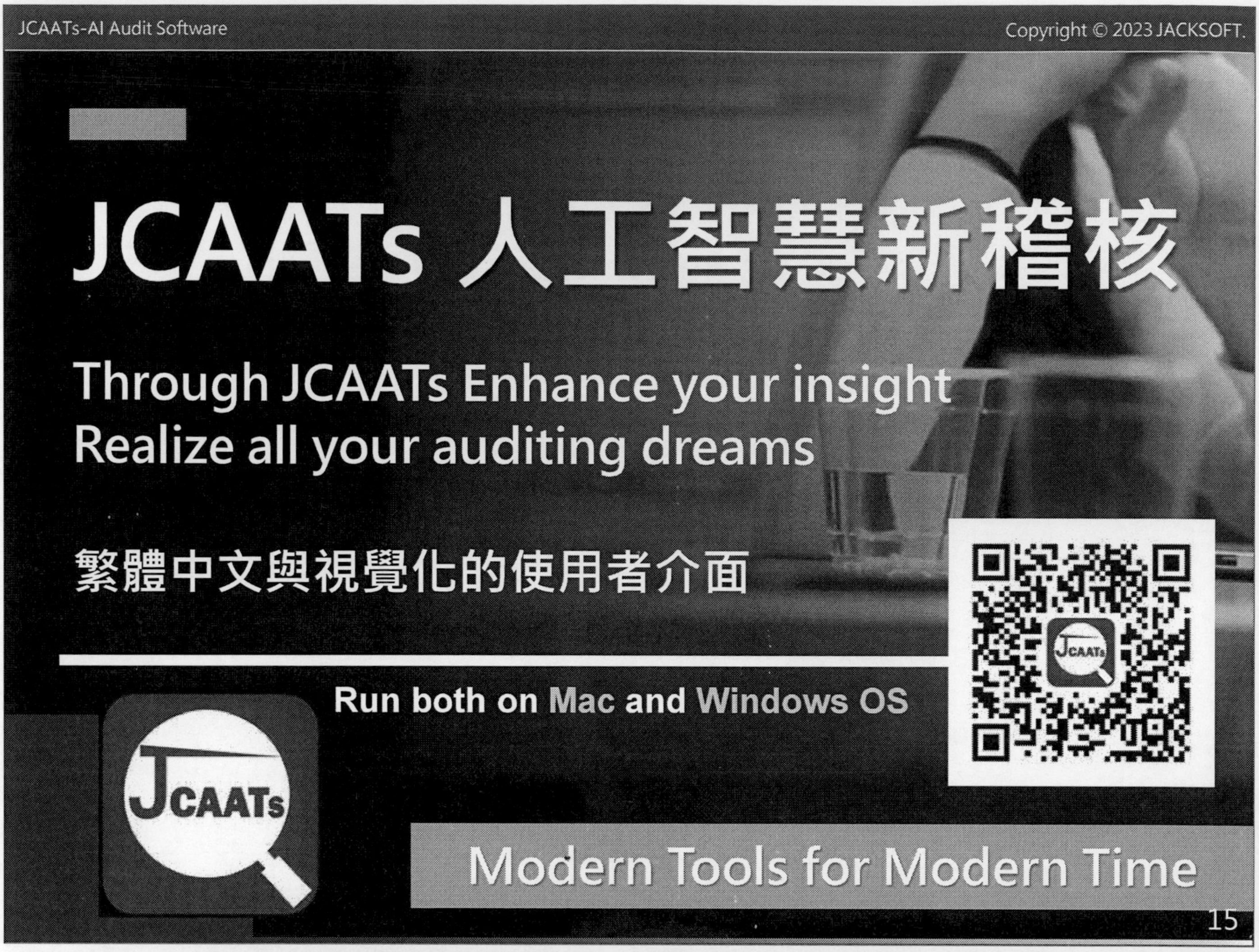

JCAATs-AI Audit Software
Copyright © 2023 JACKSOFT.
JCAATs 人工智慧新稽核
Through JCAATs Enhance your insight
Realize all your auditing dreams
繁體中文與視覺化的使用者介面
Run both on Mac and Windows OS
JCAATs
Modern Tools for Modern Time
15

JCAATs AI人工智慧新稽核

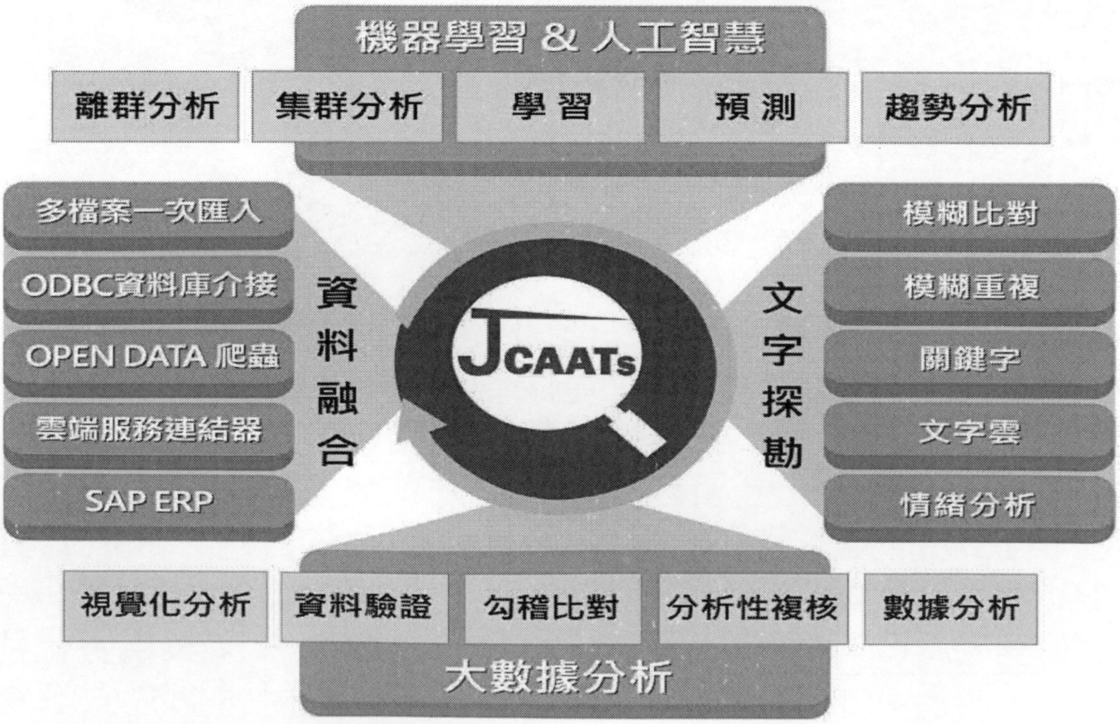

機器學習 & 人工智慧
離群分析
集群分析
學 習
預 測
趨勢分析
多檔案一次匯入
ODBC資料庫介接
OPEN DATA 爬蟲
雲端服務連結器
SAP ERP
資料融合
JCAATs
文字探勘
模糊比對
模糊重複
關鍵字
文字雲
情緒分析
視覺化分析
資料驗證
勾稽比對
分析性複核
數據分析
大數據分析

JACKSOFT為經濟部技術服務能量登錄AI人工智慧專業訓練機構
JCAATs軟體並通過AI4人工智慧行業應用內部稽核與作業風險評估項目審核

智慧化海量資料融合

人工智慧文字探勘功能

稽核機器人自動化功能

人工智慧機器學習功能

17

國際電腦稽核教育協會線上學習資源

https://www.icaea.net/English/Training/CAATs_Courses_Free_JCAATs.php

18

AICPA美國會計師公會稽核資料標準

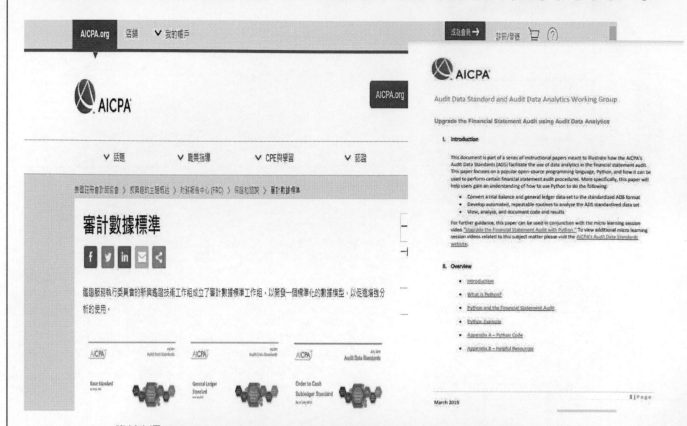

資料來源:https://us.aicpa.org/interestareas/frc/assuranceadvisoryservices/auditdatastandards

19

AI人工智慧新稽核生態系

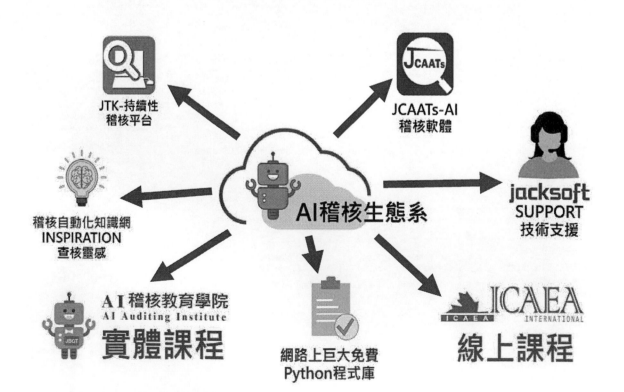

20

AI智慧化稽核流程

萃取前後資料

目標 >準則 >風險

>頻率>資料需求

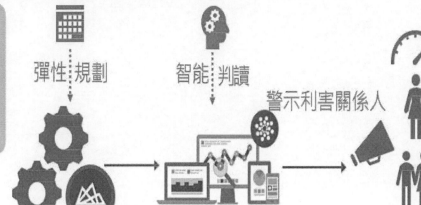

彈性 規劃　　　智能 判讀

警示利害關係人

利用CAATs自動化排除操作性的瓶頸
利用機器學習 智能判斷預測風險

連接不同
資料來源

缺失偵測　　　　威脅偵查

AI 人工智慧稽核新時代

現狀：以人為中心的手工流程

未來狀態：人類和機器人綜合過程

 JBOTs

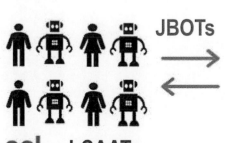

 **J-CAATs**

python™

JCAATs 指令實習:

重複(Duplicate), 篩選(Filter)，公式欄位(Define Field)、函式、訓練(Train)、預測 (Perdict)等指令使用

23

JCAATs指令說明— 重複 Duplicate

在JCAATs系統中，提供使用者檢查資料重複的指令為**重複**(Duplicate)，可應用於查核重複付款、重複開立發票、重複發放薪資等......。讓查核人員可以快速的進行重複項目的比對與查核工作。

24

重複 Duplicate指令範例

Example of Input Data

Employee Number	Pay Date	Bank Account Number	Pay Amount
00010	06/30/2001	123-100291-11	$1200.00
00020	06/15/2001	552-129102-44	$2300.00
00030	06/15/2001	421-2881919211	$1400.00
00040	06/15/2001	552-129102-44	$2300.00
00050	06/15/2001	4492-1212-331	$1800.00
00010	06/30/2001	123-100291-11	$1200.00

Example of Output Data

Employee Number	Pay Date	Bank Account Number	Pay Amount
00010	06/30/2001	123-100291-11	$1200.00

25

JCAATs指令說明─篩選器(Filter)

在JCAATs系統中，提供使用者於資料表中進行條件篩選，可運用於邏輯運算、選擇所需的條件資料等，讓查核人員可以快速的篩選出所需的資料內容。

26

JCAATs指令說明—公式欄位 (Define Field)

在JCAATs系統中，提供使用者新增欄位的功能為公式欄位，可運用於存放運算式且非實際存於原始資料檔。讓查核人員可以在不會影響或改變原始資料的情況下更容易查核。

27

JCAATs 函式：.dt.days

在系統中，若計算日期差異天數後，需要繼續使用該差異天數於後續查核計算，便可使用.dt.days函式將差異天數的格式轉換成數值，允許查核人員快速地於大量資料中，確認日期差異天數的數值資料。語法: Field.dt.days

Vendor	Date	Date2
10001	2022-12-31	2022-12-31
10001	2022-12-31	2022-12-31
10001	2022-12-02	2022-12-31
10002	2022-01-01	2022-12-31
10003	2022-01-01	2022-12-31

Vendor	Date	Date2	NewDate
10001	2022-12-31	2022-12-31	0
10001	2022-12-31	2022-12-31	0
10001	2022-12-02	2022-12-31	29
10002	2022-01-01	2022-12-31	364
10003	2022-01-01	2022-12-31	364

範例新公式欄位NewDate: (Date2-Date).dt.days

28

JCAATs 函式：.div()

在JCAATs系統中，若需要將數值用除法除以特定值，便可使用.div()指令完成，允許查核人員快速地於大量資料中，運用除法。

語法: Field.div(int)

CUST_No	Amount
795401	-474.70
795402	225.87
795403	-180.92
516372	1,610.87
516373	-1,298.43

CUST_No	Amount	NewNum
795401	-474.70	-237.35
795402	225.87	112.94
795403	-180.92	-90.46
516372	1,610.87	805.43
516373	-1,298.43	-649.22

範例新公式欄位NewNum: Amount.div(2)

29

JCAATs 函式：.round()

在JCAATs系統中，若需要將數值欄位四捨五入，便可使用.round()指令完成，允許查核人員快速地於大量資料中，得到四捨五入後的數值。

語法: Field.round(int)

CUST_No	Amount
795401	-474.70
795402	225.87
795403	-180.92
516372	1,610.87
516373	-1,298.43

CUST_No	Amount	NewNum
795401	-474.70	-475
795402	225.87	226
795403	-180.92	-181
516372	1,610.87	1,611
516373	-1,298.43	-1,299

範例新公式欄位NewNum: Amount.round(0)

30

機器學習(Machine Learning)

» Supervised Learning (監督式學習)

要學習的資料內容已經包含有答案欄位，讓機器從中學習，找出來造成這些答案背後的可能知識。JCAATs在監督式學習模型提供有 **多元分類(Classification)** 法，包含 Decision tree、KNN、Logistic Regression、Random Forest和SVM等方法。

» Unsupervised Learning (非監督式學習)

要學習的資料內容並無已知的答案，機器要自己去歸納整理，然後從中學習到這些資料間的相關規律。在非監督式學習模型方面，JCAATs提供集群(Cluster)與離群(Outlier) 方法。

31

JCAATs 監督式機器學習指令

指令	學習類型	資料型態	功能說明	結果產出
Train 學習	監督式	文字 數值 邏輯	使用自動機器學習機制產出一預測模型。	**預測模型檔** (Window 上 *.jkm 檔) 3個在JCAATs上模型評估表和混沌矩陣圖
Predict 預測	監督式	文字 數值 邏輯	導入預測模型到一個資料表來進行預測產出目標欄位答案。	預測結果資料表 (JCAATs資料表)

32

JCAATs非監督式機器學習指令

指令	學習類型	資料型態	功能說明	結果產出
Cluster 集群	非監督式	數值	對數值欄位進行分組。分組的標準是值之間的相似或接近度。	結果資料表 (JCAATs資料表) 和資料分群圖
Outlier 離群	非監督式	數值	對數值欄位進行統計分析。以標準差值為基礎,超過幾倍數的標準差則為異常值。	結果資料表 (JCAATs資料表)

33

JCAATs-AI 稽核機器學習的作業流程

■ 用戶決策模式的機器學習流程

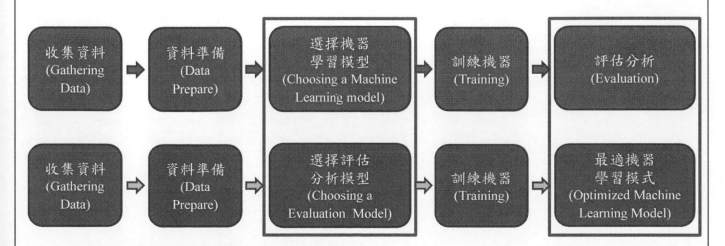

● 系統決策模式的機器學習流程

JCAATs提供二種機器學習決策模式,讓不同的人可以自行選擇使用方式。

34

JCAATs監督式機器學習指令:
學習(Train)和預測(Predict) 作業程序

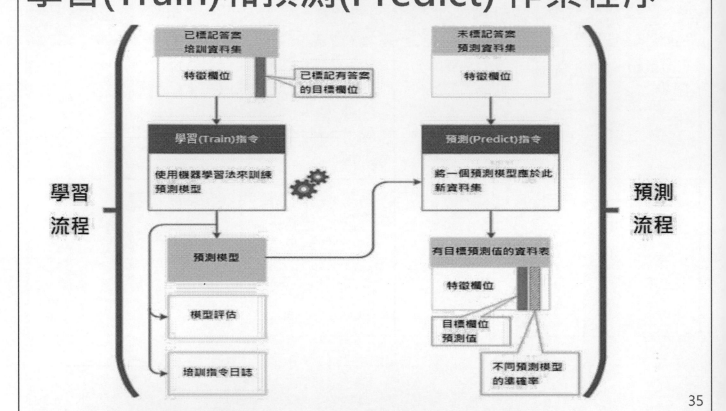

指令說明—學習(TRAIN)

- 透過彈性介面,開始進行分類的機器學習

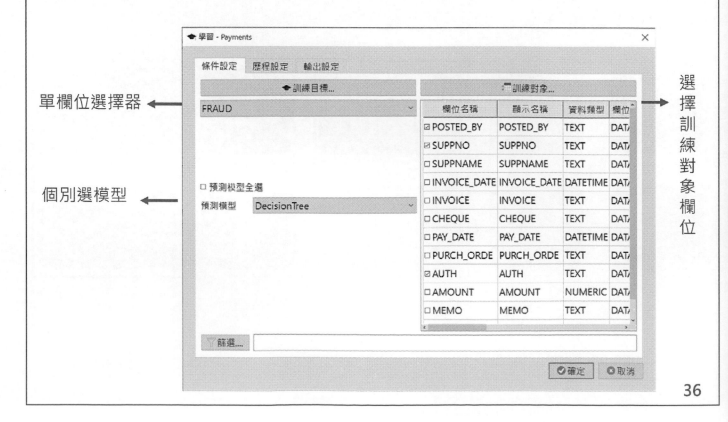

指令說明—預測(PREDICT)

- 透過彈性介面,開始進行預測的機器學習模型。

預測模型
選擇器

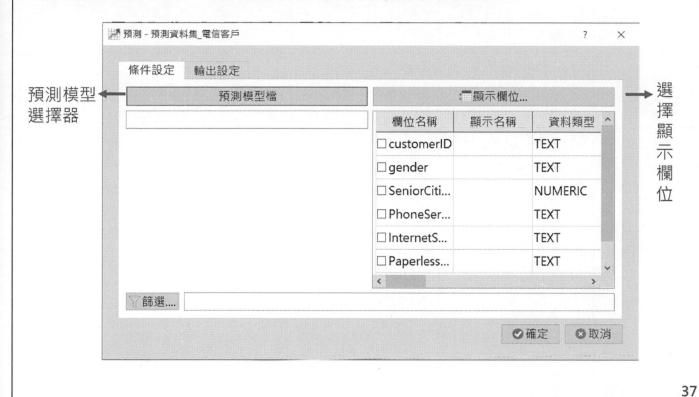

選擇顯示欄位

37

AI智能稽核專案執行步驟

> 可透過JCAATs AI稽核軟體,有效完成專案,包含以下六個階段:

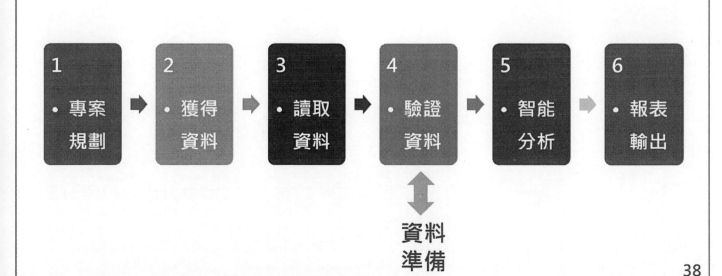

38

1.專案規劃

查核項目	承保作業查核		存放檔名	承保作業查核
查核目標	確認各險種要保資料是否完整，承保作業是否有依法令及公司規章辦理。			
查核說明	(1)查核是否有重複保單的情形 (2)查核是否有投保年齡超過核保限制(65歲)的承保異常案件 (3)查核是否有實收保費與表定保費不符的異常情形 (4)查核是否有需進一步檢視的高保額(高於100萬)承保案件			
查核程式	於查核期間內： 一.重複保單查核 - 將保單號碼重複之承保案件列出 二.超齡核保查核 - 將被保險人年齡由投保始期算起超過65歲之承保案件列出 三.異常保費查核 - 將實收保費與表定保費不一致之承保案件列出 四.高保額承保查核 - 將保額高於100萬之高保額承保案件列出			
資料檔案	承保主約檔			
所需欄位	保單號碼、投保始期、生日、實收保費、表定保費、保額...			

2.獲得資料

- 稽核部門可以寄發稽核通知單，通知受查單位準備之資料及格式。

- 檔案資料：
  - ☑ 承保主約檔.csv

稽核通知單

受文者	傑克人壽保險股份有限公司　　　　　資訊室	
主旨	為進行公司承保主約資料例行性查核工作，請 貴單位提供相關檔案資料以利查核工作之進行。所需資訊如下說明。	
說明		
一、	本單位擬於民國XX年XX月XX日開始進行為期X天之例行性查核，為使查核工作順利進行，謹請在XX月XX日前 惠予提供XXXX年XX月XX日至XXXX年XX月XX日之承保主約檔案資料，如附件。	
二、	依年度稽核計畫辦理。	
三、	後附資料之提供，若擷取時有任何不甚明瞭之處，敬祈隨時與稽核人員聯絡。	
請提供檔案明細：		
一、	承保主約檔請提供包含欄位名稱且以逗號分隔的文字檔，並提供相關檔案格式說明(請詳附件)	
稽核人員：Vivian	稽核主管：Sherry	

承保主約檔資料表

承保主約檔欄位與型態

開始欄位	長度	欄位名稱	型態	備註
1	20	保單號碼	C	
21	16	投保始期	D	YYYYMMDD
37	6	被保險人姓名	C	
43	20	被保險人身份證字號	C	
63	16	被保險人生日	D	YYYYMMDD
79	6	要保人姓名	C	
85	20	要保人身分證字號	C	
105	6	要保人年齡	N	999,999,999

承保主約檔欄位與型態 (續)

開始欄位	長度	欄位名稱	型態	備註
111	16	保額	N	
127	14	表定保費	N	
141	14	實收保費	N	
155	6	業務員姓名	C	
161	20	業務身分證字號	C	

- C：表示字串欄位
- N：表示數值欄位
- D：表示日期欄位

※資料筆數：103,602
※查核期間：2011/1/1~2011/12/30

43

讀取資料—稽核資料倉儲應用

資料倉儲與JCAATs的結合功能優點

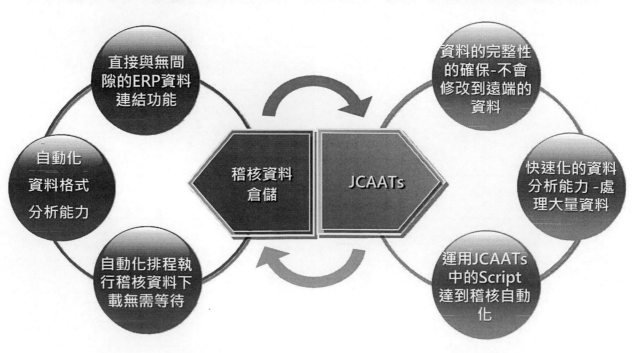

44

新增專案

專案→新增專案

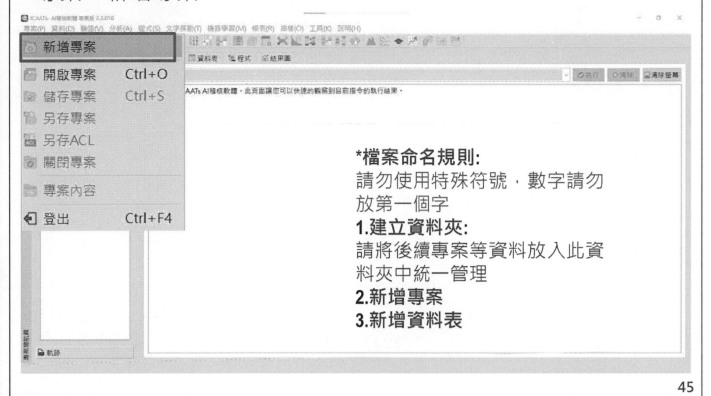

*檔案命名規則:
請勿使用特殊符號，數字請勿放第一個字
1.建立資料夾:
請將後續專案等資料放入此資料夾中統一管理
2.新增專案
3.新增資料表

複製另一專案資料表

資料→複製另一專案資料表

驗證資料表

103,602筆

利用統計(Statistics)驗證資料表期間

驗證→統計

統計條件設定

- 驗證→統計
- 統計：
  投保始期
- 高/低值筆數：
  依預設

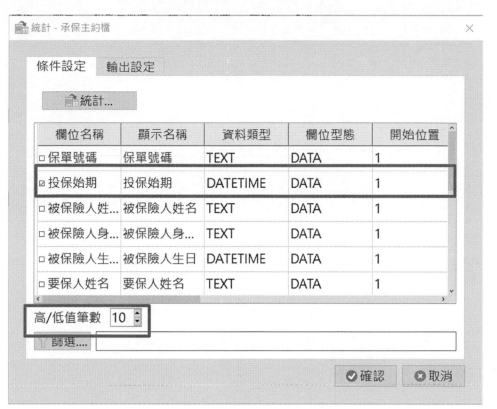

49

驗證結果

JCAATs >> 承保主約檔.STATISTICS(PKEYS=["投保始期"], MAX=10, TO="")
Table：承保主約檔
Note: 2023/09/06 11:37:20　　　　　資料區間：2011/1/1~2011/12/30
Result - 筆數：27

Table_Name	Field_Name	Data_Type	Factor	Value
承保主約檔	投保始期	DATETIME	Count	103602
承保主約檔	投保始期	DATETIME	Mean	2011-06-30 16:30:12.196675840
承保主約檔	投保始期	DATETIME	Minimum	2011-01-01 00:00:00
承保主約檔	投保始期	DATETIME	Q25	2011-03-30 00:00:00
承保主約檔	投保始期	DATETIME	Q50	2011-06-30 00:00:00
承保主約檔	投保始期	DATETIME	Q75	2011-10-01 00:00:00
承保主約檔	投保始期	DATETIME	Maximum	2011-12-30 00:00:00
承保主約檔	投保始期	DATETIME	Heightest0	2011-12-30 00:00:00
承保主約檔	投保始期	DATETIME	Heightest1	2011-12-30 00:00:00

50

高風險承保查核
上機實例演練

上機演練一：重複保單查核
上機演練二：超齡核保查核
上機演練三：異常保費查核
上機演練四：高保額承保查核

51

上機演練一：重複保單查核稽核流程圖

承保主約檔 ① → 重複(DUPLICATES) 以保單號碼 分析 ② → 重複保單 查核結果 ③

52

重複(Duplicate)保單查核稽核

驗證→重複

重複(Duplicate)保單查核稽核

- 驗證→重複
- 重複：
  保單號碼
- 列出欄位：
  全選

- 重複→輸出設定
- 輸出結果：
  資料表
- 名稱：
- 重複保單查核

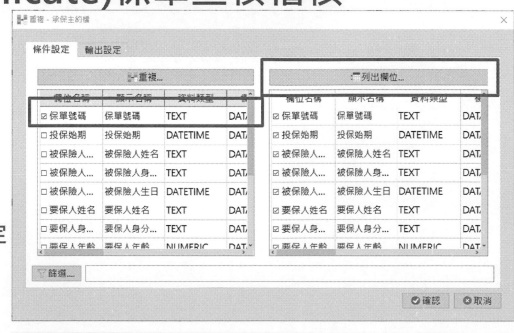

重複保單查核

情境練習 – 何謂重複投保?

- 試著做做看? 並進行查核

Ans:重複被保險人查核

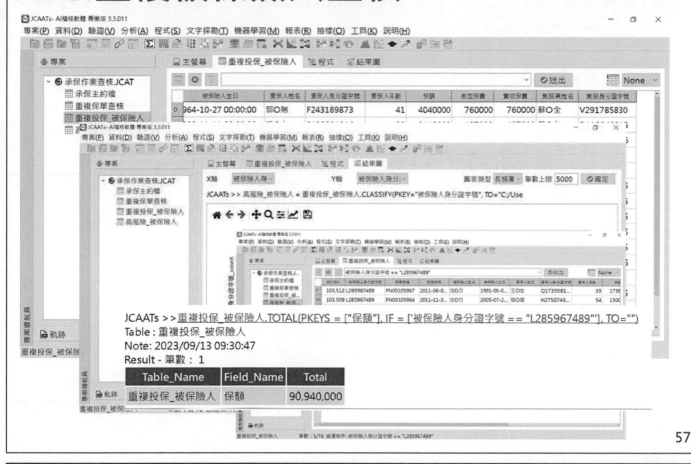

Ans: 重複被保險人與業務查核

上機演練二：超齡核保查核稽核流程圖

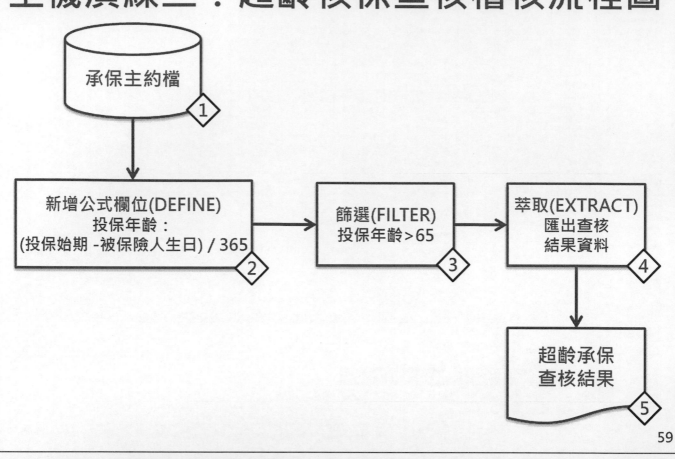

新增投保年齡欄位

- 開啟「承保主約檔」之資料表結構，點選F(X)新增公式欄位

設定公式欄位

1. 設定欄位名稱:
   投保年齡
2. 設定資料型態:
   Numeric
   (數值)
3. 設定公式:
   點選**F(x)**初始值
   後進行公式設定
   請參考下一頁

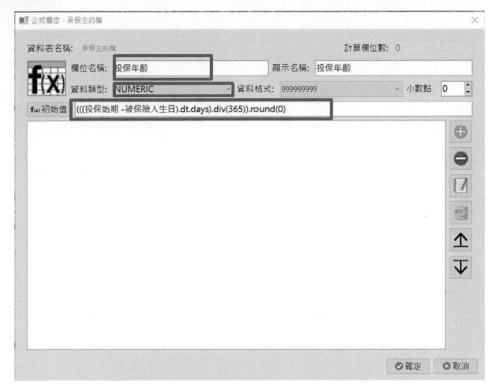

61

設定初始值

- 計算投保年齡:
  將投保始期-
  被保險人生日
- 並運用函式
  .dt.days、
  div( )
  及**.round()**
  完成相關計算

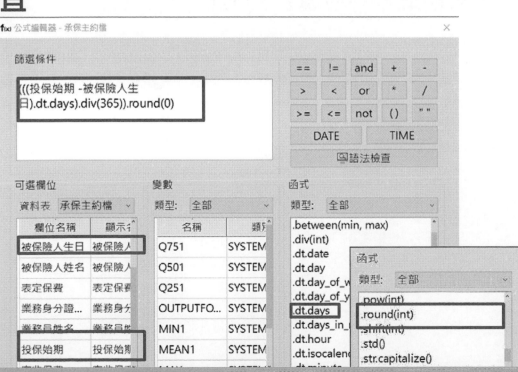

(((投保始期 -被保險人生日).dt.days).div(365)).round(0)

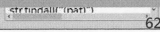

62

新增投保年齡欄位

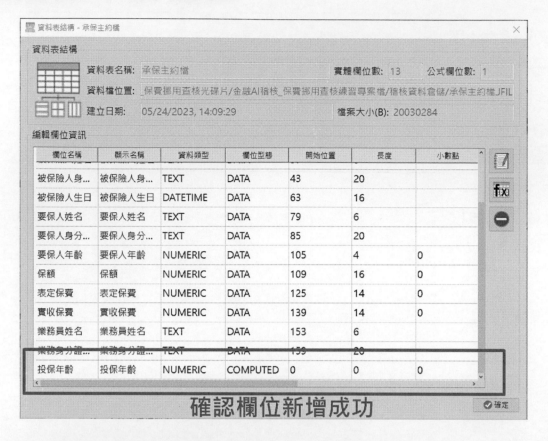

確認欄位新增成功

63

新增投保年齡欄位

確認欄位新增成功

64

篩選(Filters)投保年齡>65歲

- 篩選器
- 運算子：
  >
- 欄位選擇：
  投保年齡
- 輸入：
  65

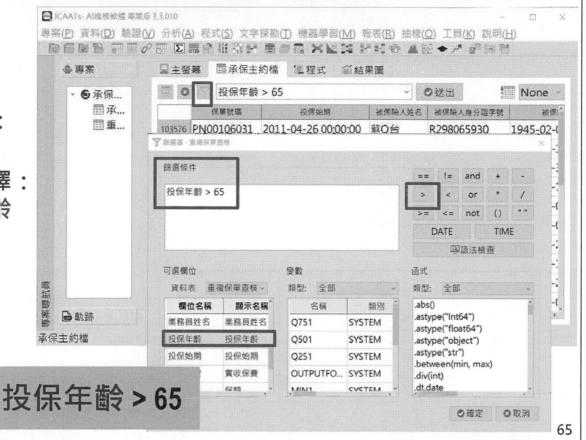

投保年齡 > 65

65

共26位被保人超過65歲

共26筆

66

萃取(Extract)投保年齡＞65歲

報表→萃取

設定萃取(Extract)條件

- 報表→萃取
- 萃取：
  全選

- 萃取→輸出設定
- 結果輸出：
  資料表
- 名稱：
  超齡核保查核

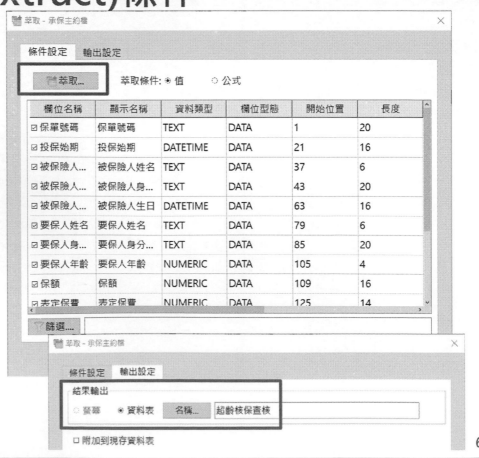

超齡核保查核

共26筆

69

情境練習－計算欄位與快速排序指令

- 使用計算欄位計算超齡歲數(投保年齡超過65歲)，超齡最多的被保險人是哪一位?

- 試著做做看
  ✓超齡歲數＝被保險人投保年齡-65

  ✓Ans：張O華 超過18歲

70

上機演練三：異常保費查核稽核流程圖

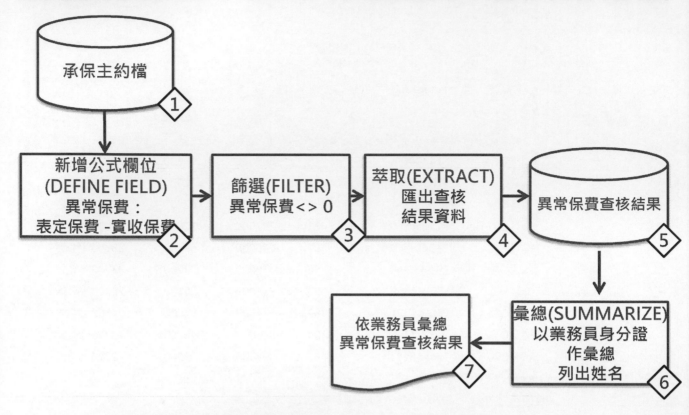

新增異常保費欄位

- 開啟「承保主約檔」，點選資料表結構，點選F(X)新增公式欄位

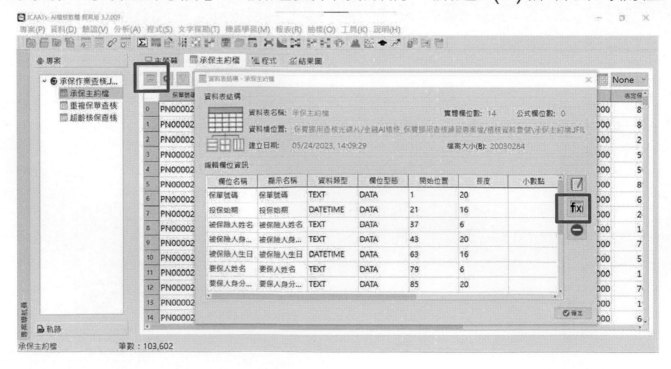

設定公式欄位

- 公式欄位
- 欄位名稱：
  異常保費
- 資料型態：
  數值
- 資料格式：
  依照預設
- 小數點：
  依照預設
- 初始值：
  請參考下一頁

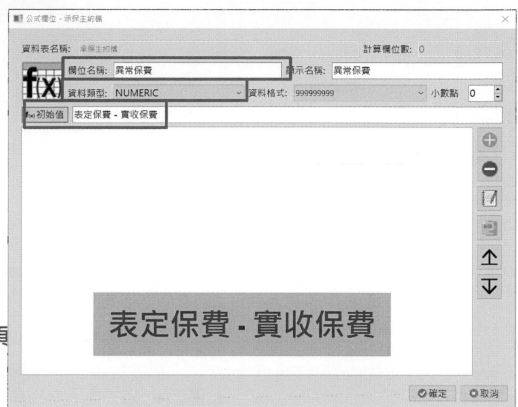

表定保費 - 實收保費

設定初始值

- 初始值
- 運算子：
  -
- 欄位選擇：
  表定保費、
  實收保費

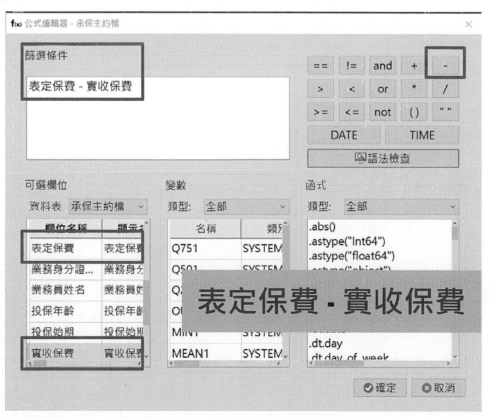

表定保費 - 實收保費

新增異常保費欄位

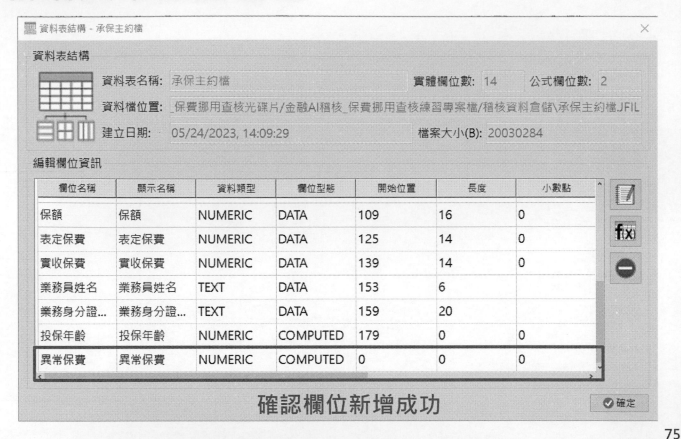

確認欄位新增成功

75

新增異常保費欄位

確認欄位新增成功

76

篩選(Filters)異常保費不等於0

- 篩選器
- 運算子：
  !=
- 欄位選擇：
  異常保費
- 輸入：
  0

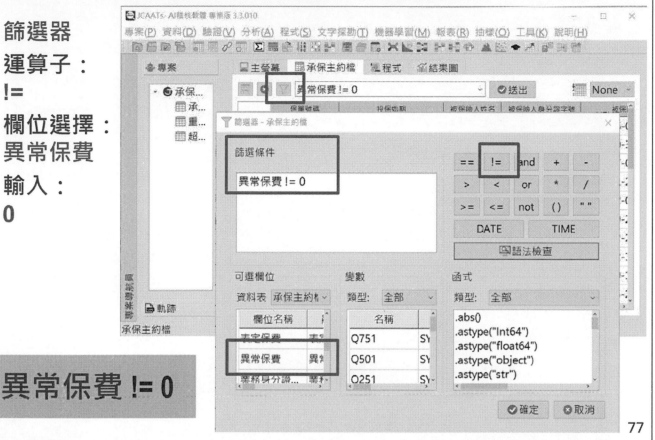

異常保費 != 0

77

共有31筆資料異常保費不等於0

共31筆

78

萃取(Extract)異常保費不等於0

報表→萃取

設定萃取(Extract)條件

- 報表→萃取
- 萃取：
  全選

- 萃取→輸出設定
- 結果輸出：
  資料表
- 名稱：
  異常保費查核

異常保費查核

共**31**筆

81

彙總(Summarize)業務員姓名

分析→彙總

82

設定彙總(Summarize)條件

- 分析→分類
- 彙總：
  業務身分證
- 列出欄位：
  業務員姓名
- 小計欄位：
  表定保費、
  實收保費、
  異常保費

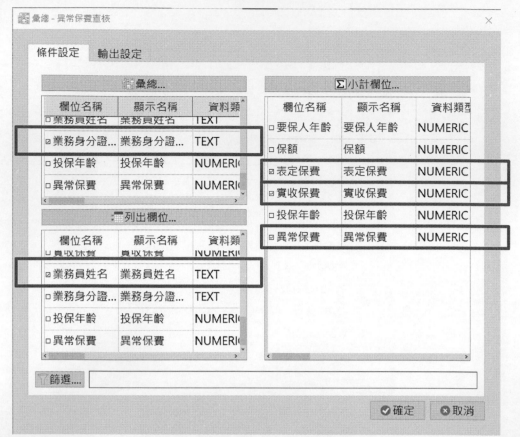

83

異常保費彙總業務員查核結果

JCAATs >>異常保費查核.SUMMARIZE(PKEYS=["業務身分證字號"], SUBTOTALS = ["表定保費","實收保費","異常保費"],
FIELDS = ["業務員姓名"], TO="")
Table：異常保費查核
Note: 2023/09/14 10:07:25
Result - 筆數：11

點選可察看明細

84

上機演練四：高保額承保查核
稽核流程圖

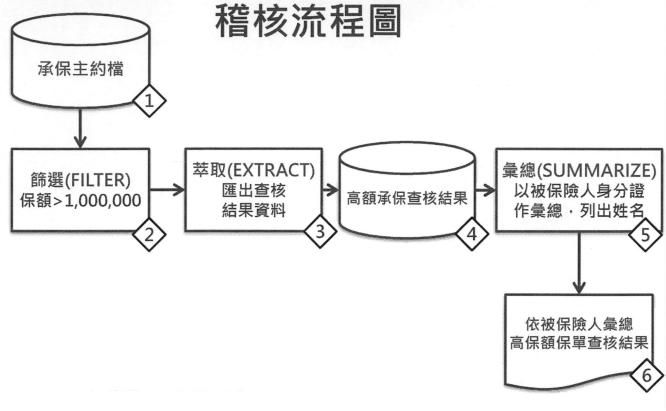

承保主約檔 ①

↓

| 篩選(FILTER)
保額>1,000,000 ② | → | 萃取(EXTRACT)
匯出查核
結果資料 ③ | → | 高額承保查核結果 ④ | → | 彙總(SUMMARIZE)
以被保險人身分證
作彙總，列出姓名 ⑤ |

↓

依被保險人彙總
高保額保單查核結果 ⑥

開啟承保主約檔

JCAATs- AI稽核軟體 專業版 3.3.010

專案(P) 資料(D) 驗證(V) 分析(A) 程式(S) 文字探勘(T) 機器學習(M) 報表(R) 抽樣(O) 工具(K) 說明(H)

專案　承保...　主螢幕　承保主約檔　程式　結果圖

承保... / 承... / 重... / 超... / 異...

	名	要保人身分證字號	要保人年齡	保額	表定保費	實收保費	業務員姓名	業務身分證字號
0		O196474565	67	885000	89900	89900	曾O名	L178039887
1		G258596889	42	357000	86400	86400	冉O建	Q135803370
2		M152002365	28	530000	25200	25200	廖O欣	K231719538
3		V250039584	36	249000	59500	59500	吳O雷	L116120941
4		L187557379	47	159000	50900	50900	陳O三	P232951684
5		B132165543	59	725000	89000	89000	郭O原	H286087349
6		H236657465	31	114000	65800	65800	王O全	W148404607
7		W153982610	38	520000	26300	26300	李O建	J121840873
8		J275692138	37	293000	18700	18700	陳O國	E213881001
9		M217606038	75	41000	71200	71200	黃O哲	D286167871

軌跡

承保主約檔　　　筆數：103,602

篩選(Filters)保額大於1,000,000

- 篩選器
- 運算子：
  >
- 欄位選擇：
  保額
- 輸入：
  1000000

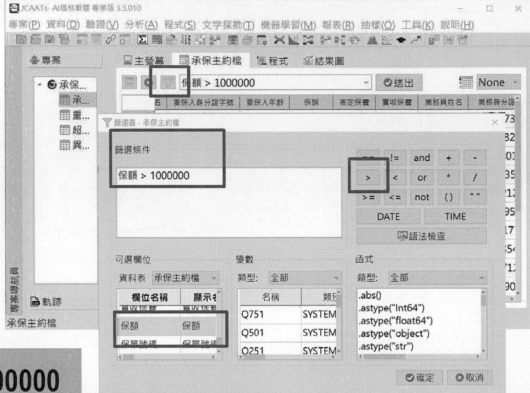

保額>1000000

87

共有17筆資料保額大於1,000,000

共17筆

88

萃取(Extract)保額大於1,00,0000

報表→萃取

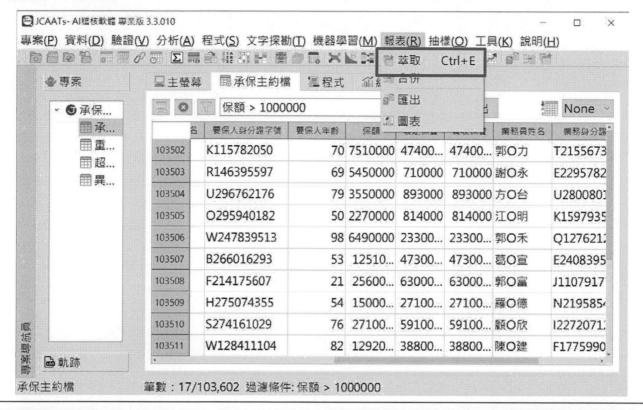

設定萃取(Extract)條件

- 報表→萃取
- 萃取：
  全選

- 萃取→輸出設定
- 結果輸出：
  資料表
- 名稱：
  高保額承保查核

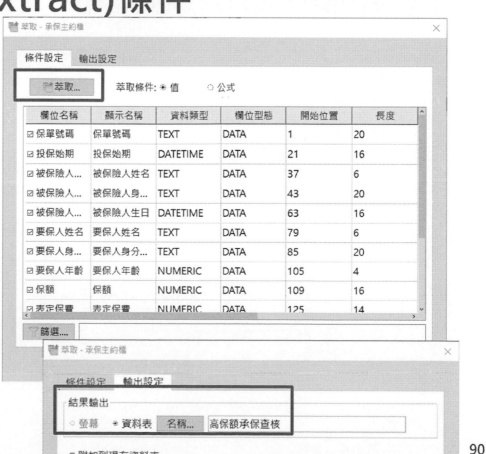

高保額承保查核

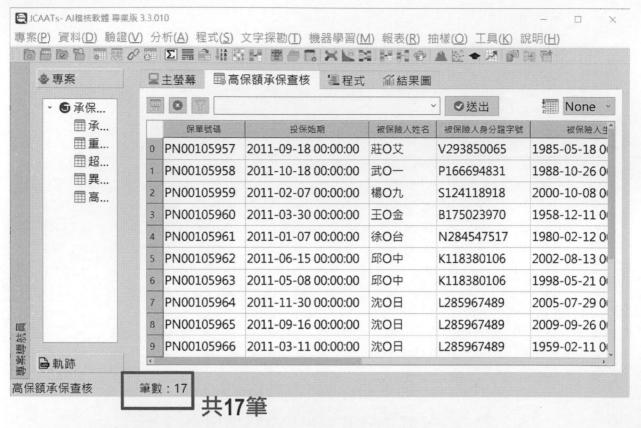

共17筆

91

彙總(Summarize)被保險人姓名

分析→彙總

92

設定彙總(Summarize)條件

- 分析→分類
- 彙總:
  被保險人身分證
- 列出欄位:
  被保險人姓名
- 小計欄位:
  保額

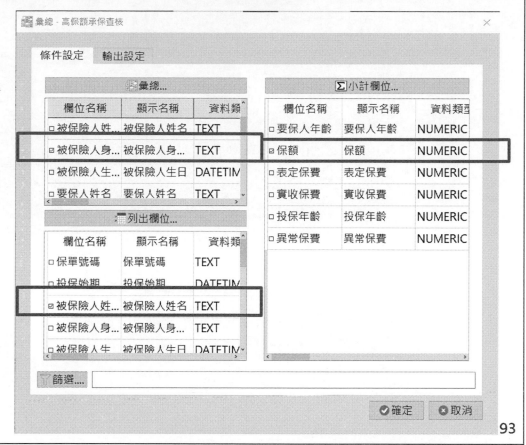

93

異常保費彙總被保險人姓名查核結果

JCAATs >> 高保額承保查核.SUMMARIZE(PKEYS=["被保險人身分證字號"], SUBTOTALS = ["保額"], FIELDS = ["被保險人姓名"], TO="")
Table : 高保額承保查核
Note: 2023/09/14 10:14:49
Result - 筆數 : 9

被保險人身分證字號	被保險人姓名	保額_sum	COUNT_sum
B175023970	王O金	2,270,000	1
G117371552	胡O全	11,980,0	
K118380106	邱O中	38,110,0	
L285967489	沈O日	90,940,0	
N284547517	徐O台	6,490,0	
P166...	點選可察看明細		
Q261862597	嚴O六	24,430,0	
S124118918	楊O九	3,550,0	

	保單號碼	投保始期	被保險人姓名	被保險人身分證字號	被保險人生日	要保人姓名	要保人身分證字號
7	PN00105964	2011-11-30 00:00:00	沈O日	L285967489	2005-07-29 00:00:00	張O遠	H275074355
8	PN00105965	2011-09-16 00:00:00	沈O日	L285967489	2009-09-26 00:00:00	朱O福	S274161029
9	PN00105966	2011-03-11 00:00:00	沈O日	L285967489	1959-02-11 00:00:00	張O萱	W128411104
10	PN00105967	2011-06-02 00:00:00	沈O日	L285967489	1991-06-04 00:00:00	王O宏	Q173558130
11	PN00105968	2011-04-20 00:00:00	沈O日	L285967489	1983-03-27 00:00:00	馬O映	N297818066

筆數 : 5/17 過濾條件: 被保險人身分證字號=="L285967489"

94

高風險收款查核
上機實例演練

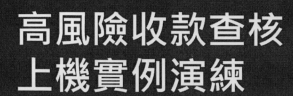

上機演練五：現金繳納異常查核
上機演練六：逾期未回收查核
上機演練七：延遲報帳查核

95

專案規劃

查核項目	收款作業查核	存放檔名	送金單查核
查核目標	確認保險費收取及送金單管理符合『保險業授權代收保險費應注意事項』之法令規定與公司管理政策。		
查核說明	(1)查核是否有單張保單以現金繳納保費，且其所對應之送金單金額超過NT.50,000的情形 (2)查核是否有逾使用期限但尚未回收送金單的情形 (3)查核是否有收費後至公司報帳超過2日的延遲報帳情形		
查核程式	於查核期間內: 五.現金繳納異常查核－將單張保單以現金繳納保費，且其所對應之送金單之金額超過NT.50,000的送金單列出 六.逾期未回收查核－將逾使用期限未回收的送金單列出 七.延遲報帳查核－將收費後至公司報帳超過2日的延遲報帳送金單列出		
資料檔案	送金單明細檔		
所需欄位	業務員姓名、服務單位、送金單類別、送金單編號…		

96

法規名稱：保險業授權代收保險費應注意事項

修正時間：中華民國106年5月31日

一、保險業授權代收保險費，應依本注意事項辦理。
保險業應將本注意事項內容依保險業內部控制及
五條第二款規定納入保險商品銷售作業之控制作

二、保險業收取以現金或支票方式繳納保險費，應同
預收保費證明或收據並載明收費時間。
保險業授權所屬保險業務員、保險代理人或其所
簡稱有權代收保險費之人）代收保險費，亦應依
負授權人之責任。
前項保險業務員應依保險業務員管理規則相關規
保險業授權保險代理人代收保險費並印製代收保
要求保險代理人訂定控管機制與遵守相關規範及
定。

三、有權代收保險費之人代收以現金方式繳納保險費
險費以新臺幣五萬元為上限。

四、保險業應規定代收保險費之繳回期限，如有延誤
求有權代收保險費之人出具報告敘明原因，保險
及為積極適當之處理。

五、保險業印製之送金單、預收保費證明或收據應設
其他適當控管方式，以利控管。
保險業如於送金單、預收保費證明或收據上增列

六、保險業應限制有權代收保險費之人領取送金單、預收保費證明或收據
之份數，且應親自簽收，不得委由他人代領。

七、保險業對於送金單、預收保費證明或收據訂有使用期限者，應要求有
權代收...

保險業授權代收保險費應注意事項修正對照表		
修正規定	現行規定	說明
一、保險業授權代收保險費，應依本注意事項辦理。 保險業應將本注意事項內容依保險業內部控制及稽核制度實施辦法第五條第二款規定納入保險商品銷售作業之控制作業處理程序。	一、保險業授權代收保險費，應依本注意事項辦理。 保險業應將本注意事項內容依保險業內部控制及稽核制度實施辦法第五條第二款規定納入保險商品銷售作業之控制作業處理程序。	本點未修正。
二、保險業收取以現金或支票方式繳納保險費，應同時交付保戶送金單、預收保費證明或收據並載明收費時間。 保險業授權所屬保險業務員、保險代理人或其所屬保險業務員（以下簡稱有權代收保險費之人）代收保險費，亦應依前項規定辦理，並應負授權人之責任。 前項保險業務員應依保險業務員管理規則相關規定完成登錄手續。 保險業授權保險代理人代收保險費並印製代收保險費之證明文件，應要求保險代理人訂定控管機制與遵守相關規範及納入保險代理合約之約定。	二、保險業收取以現金或支票方式繳納保險費，應同時交付保戶送金單、收據並載明收費時間。 保險業授權所屬保險業務員、保險代理人或其所屬保險業務員（以下簡稱有權代收保險費之人）代收保險費，亦應依前項規定辦理，並應負授權人之責任。 前項保險業務員應依保險業務員管理規則相關規定完成登錄手續。	一、為強化保險業授權代收保險費之管理，併同因應該業別實務作業需要，以使要保人得以證明有繳納保險費之事實，並避免有權代收保險費之人挪用保險費，於第一項增訂「預收保費證明」之收費單型態。 二、為開放保險代理人得印製收費單據，無需採用保險業印製之收費單據，於第四項增訂總保險業授權並於保險代理合約之約定及為控管者，保險代理人得自行印製收取保險費證明文件。

八、有權代...
收據與...
若保戶...
細者，...

九、保險業...
明或必...
理由主...

十、保險業...
額是否...
與責任...

送金單如何發生違法吸金

- 二年期以上人身保險收取保費之收據稱「送金單」

- **法令規定**
  - 保險法第3條：「保險人收取保險費，應由其總公司(社)或分公司(分社)簽發正式收據。」

- **潛在舞弊風險**
  - 業務員收取保費時，即以其所領用之空白送金單填寫收費金額等相關內容，將送金單簽發予保戶。
    → 有業務員非法使用送金單之風險
  - 業務員收取保費後，先向保險公司報帳，保險公司受理報帳無誤後，再由其電腦列印送金單，送/寄交送金單予保戶。
    → 有保戶不易舉證已交付保費予業務員之風險

保險費/送金單舞弊手法面面觀

- **不當招攬** ➔XX人壽舞弊案，長期以「定存專案」對外招攬
  - 保單正常，惟係以『定存單DM』不當方式招攬。
- **侵占保費**
  - 手中均為正常保單，續期保費被挪用投保其他新保單。
- **以人頭保戶詐領新契約佣金**
- **變造保單**
  - 手中有送金單，也有保單，但保單經過變造
- **定存送保險**
  - 手中有送金單，也有保單，但是保單與送金單金額不符，形式上可能被誤認為侵占保費。
- **違法吸金**
  - 手中只有送金單，完全沒有保單正本　➔XX人壽舞弊案，利用送金單不法吸金，卻沒有幫保戶投保

99

送金單查核觀念

- 送金單除了需依「**保險業授權代收保險費應注意事項**」管控，不同公司的送金單細部管理政策也不盡相同，因此需要了解公司的送金單的控管程序與規定，才能定義送金單查核規則。

- 一般可能的送金單控管規定：
  - **PLOICY 1**：單張保單以現金繳納保費，其所對應之送金單，金額不得超過NT.50,000
  - **PLOICY 2**：逾使用期限之送金單應予回收
  - **PLOICY 3**：收費後至公司報帳超過2日者為延遲付款
  - **PLOICY 4**：同一張送金單不得重複收款
  - **PLOICY 5**：以外幣繳納保費，限以電匯方式為之
  - **PLOICY 6**：同一位業務員同時間不能持有超過10張以上送金單
  - **PLOICY 7**：各種送金單（首期、續期、傷害險）應有連續編號
  - ....

100

獲得資料

- 稽核部門可以寄發稽核通知單，通知受查單位準備之資料及格式。

- 檔案資料：
  - ☑ 送金單明細檔.csv

稽核通知單

受文者	傑克人壽保險股份有限公司　　　資訊室
主旨	為進行公司收款查核工作，請 貴單位提供檔案資料以利查核工作進行，所需資訊如下。
說明	
一、	本單位擬於民國XX年XX月XX日開始進行為期X天之例行性查核，為使查核工作順利進行，謹請在XX月XX日前 惠予提供XXXX年XX月XX日至XXXX年XX月XX日之送金單明細檔案資料，如附件。
二、	依年度稽核計畫辦理。
三、	後附資料之提供，若擷取時有任何不甚明瞭之處，敬祈隨時與稽核人員聯絡。
請提供檔案明細：	
一、	送金單明細檔請提供包含欄位名稱且以逗號分隔的文字檔，並提供檔案格式說明
稽核人員：Vivian	稽核主管：Sherry

101

送金單明細檔資料表

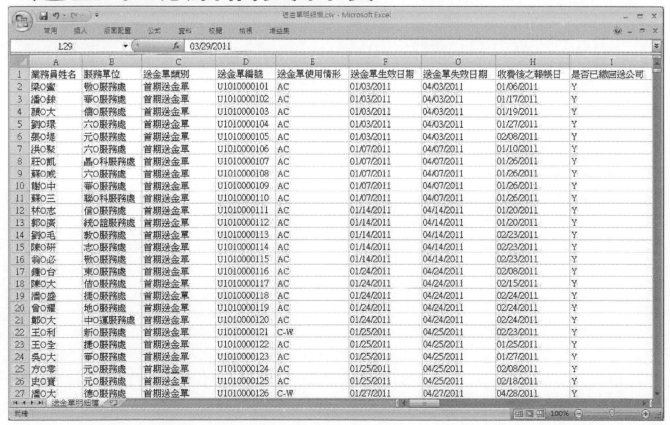

102

送金單明細檔欄位與型態

開始欄位	長度	欄位名稱	型態	備註
1	6	業務員姓名	C	
7	12	服務單位	C	
19	14	送金單類別	C	
33	22	送金單編號	C	
55	6	送金單使用情形	C	AC: 入帳核銷
61	20	送金單生效日期	D	MM/DD/YYYY
81	20	送金單失效日期	D	MM/DD/YYYY
101	20	收費後之報帳日	D	MM/DD/YYYY

送金單明細檔欄位與型態 (續)

開始欄位	長度	欄位名稱	型態	備註
121	2	是否已繳回送公司	C	
123	6	保單幣別	C	
129	30	收費方式	C	
159	20	收費日期	D	MM/DD/YYYY
179	20	保費金額	N	999,999,999.99
199	24	保單號碼	C	

- C：表示字串欄位　　※資料筆數：105,522
- N：表示數值欄位　　※查核期間：2009/1/1~2012/1/31
- D：表示日期欄位

複製另一專案資料表

資料→複製另一專案資料表

驗證資料表

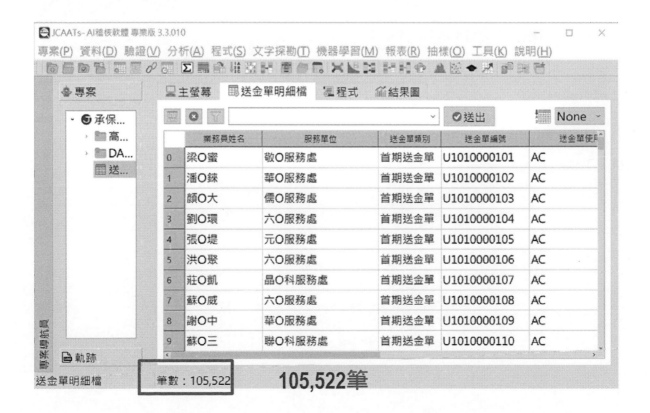

利用統計(Statistics)驗證資料表期間

驗證→統計

統計條件設定

- 驗證→統計
- 統計：
  送金單生效日
- 高/低值筆數：
  依預設

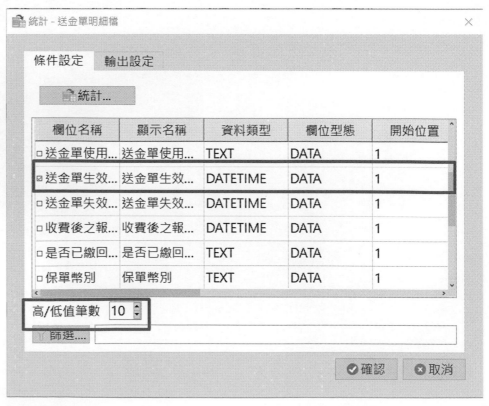

驗證結果

JCAATs > > 送金單明細檔.STATISTICS(PKEYS=["送金單生效日期"], MAX=10, TO="")
Table：送金單明細檔
Note: 2023/09/06 15:27:22
Result - 筆數：27

資料區間：**2009/01/03~2011/10/31**

Table_Name	Field_Name	Data_Type	Factor	Value
送金單明細檔	送金單生效日期	DATETIME	Count	105522
送金單明細檔	送金單生效日期	DATETIME	Mean	2010-06-06 23:15:59.413202944
送金單明細檔	送金單生效日期	DATETIME	Minimum	2009-01-03 00:00:00
送金單明細檔	送金單生效日期	DATETIME	Q25	2009-08-23 00:00:00
送金單明細檔	送金單生效日期	DATETIME	Q50	2010-06-13 00:00:00
送金單明細檔	送金單生效日期	DATETIME	Q75	2011-03-24 00:00:00
送金單明細檔	送金單生效日期	DATETIME	Maximum	2011-10-31 00:00:00
送金單明細檔	送金單生效日期	DATETIME	Heightest0	2011-10-31 00:00:00

上機演練五：現金繳納異常查核
稽核流程圖

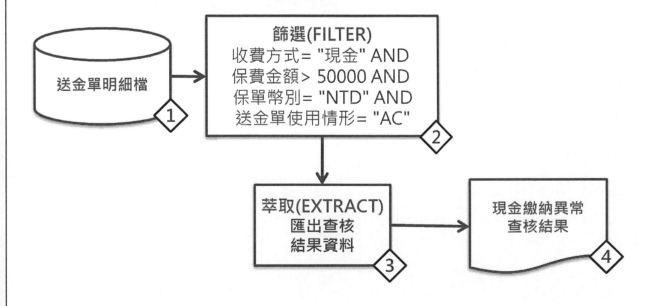

送金單明細檔 ①

篩選(FILTER)
收費方式= "現金" AND
保費金額 > 50000 AND
保單幣別= "NTD" AND
送金單使用情形= "AC" ②

萃取(EXTRACT)
匯出查核
結果資料 ③

現金繳納異常
查核結果 ④

篩選(Filters)送金單現金繳納異常

> 收費方式 == "現金" and 保費金額 > 50000 and
> 保單幣別 == "NTD" and 送金單使用情形 == "AC"

111

篩選(Filters)送金單現金繳納異常

- 篩選器
- 運算子：
  ==、and、
  >、""
- 欄位選擇：
  收費方式、
  保費金額、
  保單幣別、
  送金單使用
  情形

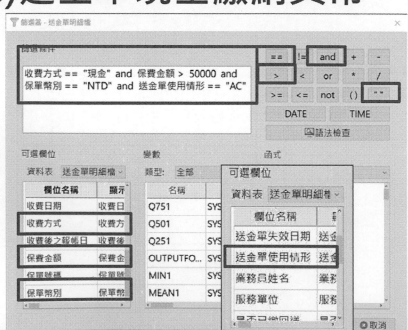

> 收費方式 == "現金" and 保費金額 > 50000 and
> 保單幣別 == "NTD" and 送金單使用情形 == "AC"

入帳核銷

112

共有32筆資料送金單現金繳納異常

共32筆

萃取(Extract)送金單現金繳納異常

報表→萃取

設定萃取(Extract)條件

- 報表→萃取
- 萃取：
  全選

- 萃取→輸出設定
- 結果輸出：
  資料表
- 名稱：
  現金繳納異常查核

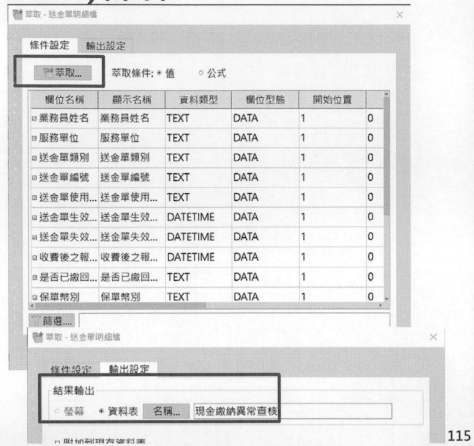

現金繳納異常查核

共32筆

上機演練六：逾期未回收查核
稽核流程圖

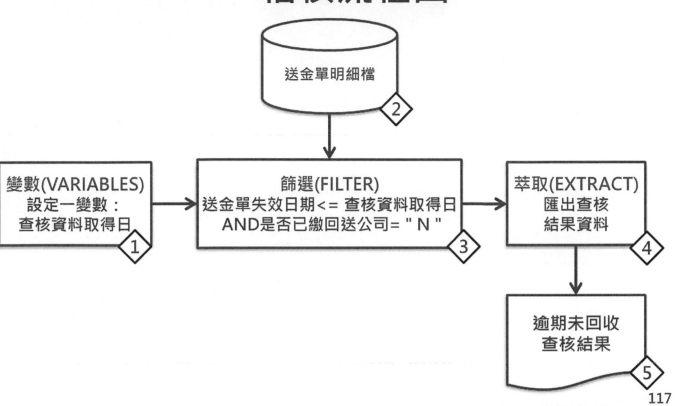

設定變數(VARIABLES)查核資料取得日

工具→變數管理

設定變數(VARIABLES)條件

- 新增變數
- 變數名稱：
  查核資料取得日
- 資料型態：
  DATETIME
- 值：
  20111130

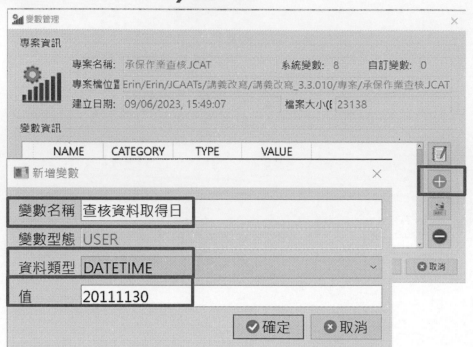

開啟送金單明細檔

篩選(Filters)送金單逾期未回收

筆數：32/105,522 過濾條件: 收費方式 == "現金" and 保費金額 > 50000 and 保單幣別：

121

篩選(Filters)送金單逾期未回收

- 篩選器
- 變數選擇：
  查核資料取
  得日
- 欄位選擇：
  送金單失效
  日期、
  是否已繳回
  送公司

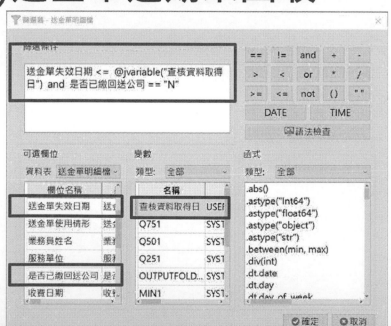

送金單失效日期 <= @jvariable("查核資料取得日")
and 是否已繳回送公司 == "N"
送金單失效日小於等於查核資料取得日(已失效)，且未繳回

122

共有32筆資料送金單逾期未回收

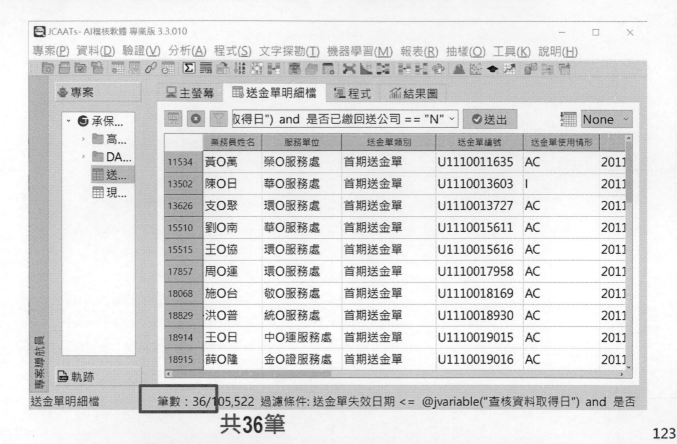

筆數：36/105,522 過濾條件: 送金單失效日期 <= @jvariable("查核資料取得日") and 是否

共36筆

萃取(Extract)送金單逾期未回收

報表→萃取

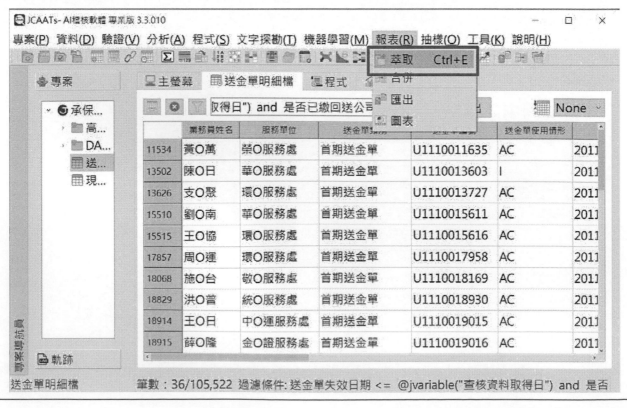

送金單明細檔   筆數：36/105,522 過濾條件: 送金單失效日期 <= @jvariable("查核資料取得日") and 是否

設定萃取(Extract)條件

- 報表→萃取
- 萃取：
  全選

- 萃取→輸出設定
- 結果輸出：
  資料表
- 名稱：
  逾期未回收查核

125

逾期未回收查核

126

情境練習 – 變數設定與Filter指令

- 試著做做看

請設定一名稱為 "查核資料取得日2" 的變數做為取得查核資料的日期，並將此變數定義為2011/10/30，請問送金單失效日小於等於 "查核資料取得日2" ，且未回收的送金單資料有幾筆?

答案：8筆嫌疑資料

上機演練七：延遲報帳查核稽核流程圖

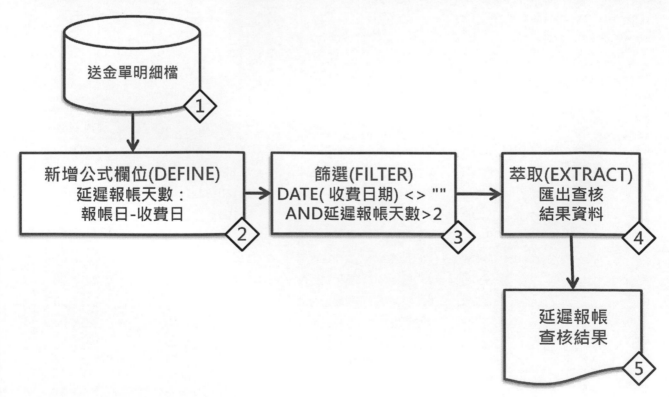

新增延遲報帳天數欄位

- 開啟「送金單明細檔」

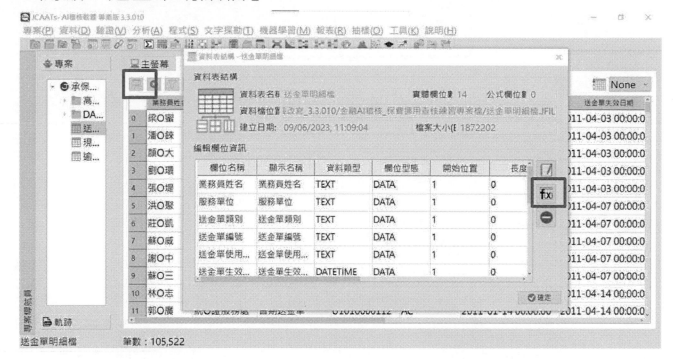

129

設定公式欄位

- 公式欄位
- 欄位名稱：
  延遲報帳天數
- 資料型態：
  數值
- 資料格式：
  依照預設
- 小數點：
  依照預設
- 初始值：
  請參考下一頁

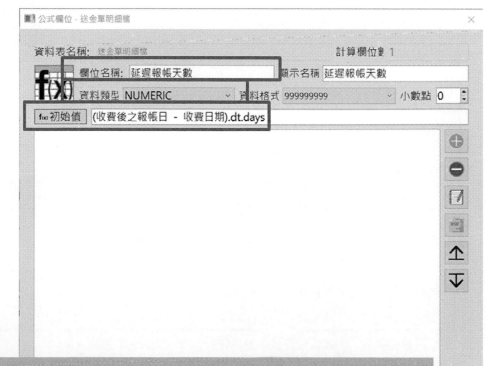

(收費後之報帳日 - 收費日期).dt.days

130

設定初始值

- 初始值
- 運算子：
  -、()
- 欄位選擇：
  收費後之報
  帳日 、
  收費日期
- 函式：
  .dt.days

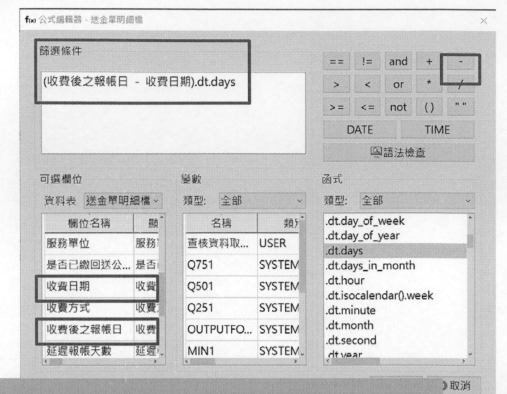

(收費後之報帳日 - 收費日期).dt.days

131

新增延遲報帳天數欄位

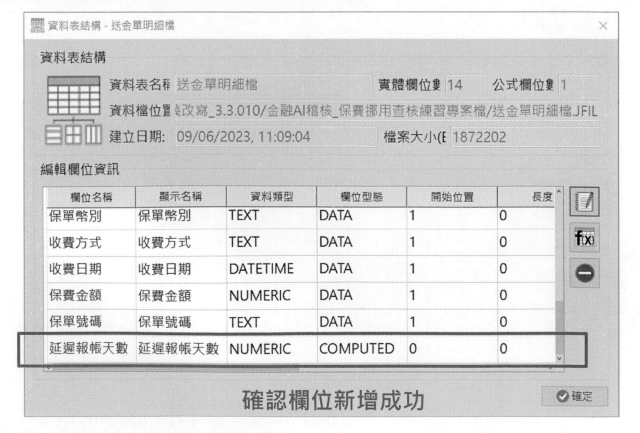

確認欄位新增成功

132

新增延遲報帳天數欄位

確認欄位新增成功

篩選(Filters)報帳天數異常

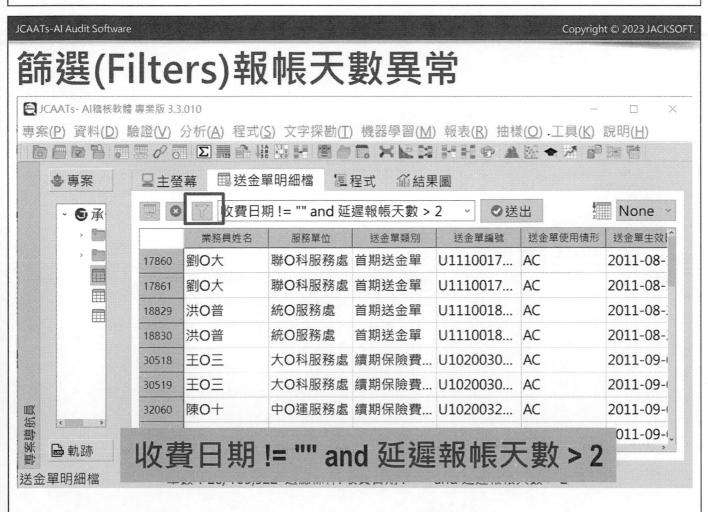

收費日期 != "" and 延遲報帳天數 > 2

篩選(Filters)報帳天數異常

- 篩選器
- 運算子：
  !=、""、
  and、>
- 欄位選擇：
  收費日期、
  延遲報帳天
  數
- 輸入：
  2

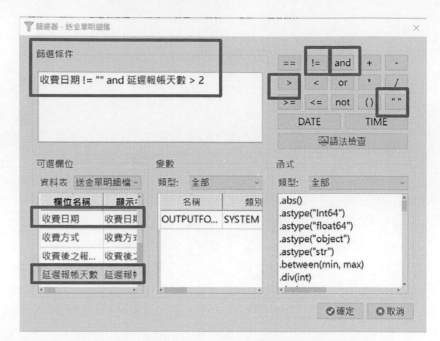

> **收費日期 != "" and 延遲報帳天數 > 2**
> 送金單收費日不為空值，且報帳延遲天數大於2

共有28筆資料報帳天數異常

共28筆

萃取(Extract)報帳天數異常

報表→萃取

設定萃取(Extract)條件

- 報表→萃取
- 萃取：
  全選

- 萃取→輸出設定
- 結果輸出：
  資料表
- 名稱：
  延遲報帳查核

延遲報帳查核

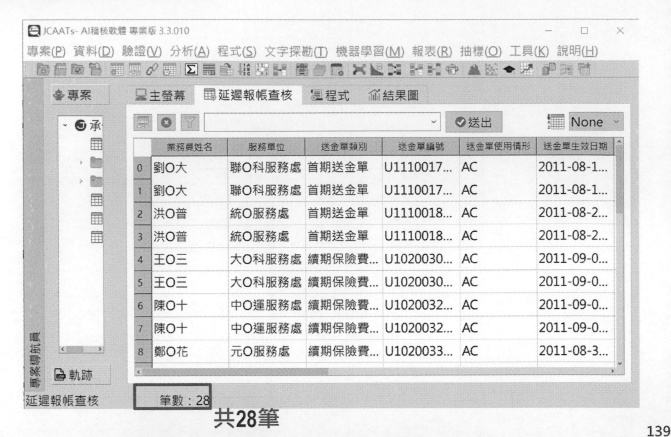

共28筆

彙總(Summarize)業務員姓名

分析→彙總

設定彙總(Summarize)條件

- 分析→分類
- 分類：
  業務員姓名
- 小計欄位：
  保費金額、
  延遲報帳天數

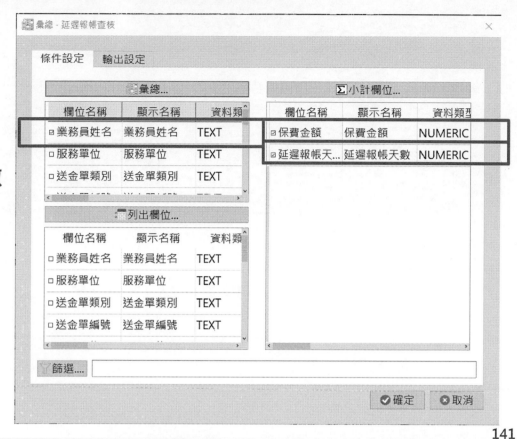

141

異常保費彙總業務員查核結果

JCAATs >> 延遲報帳查核.SUMMARIZE(PKEYS=["業務員姓名"], SUBTOTALS = ["保費金額","延遲報帳天數"], TO="")

Table : 延遲報帳查核
Note: 2023/09/07 09:55:27
Result - 筆數 : 6

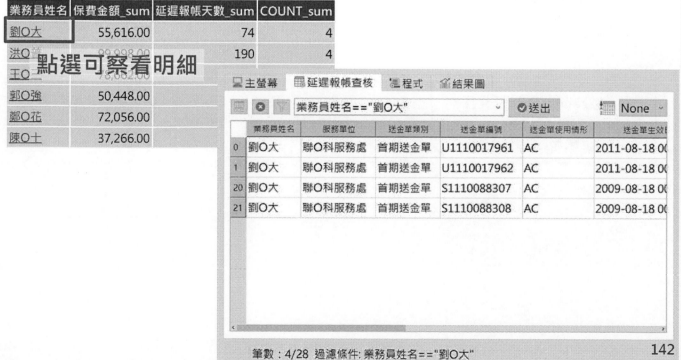

業務員姓名	保費金額_sum	延遲報帳天數_sum	COUNT_sum
劉O大	55,616.00	74	4
洪O華	99,998.00	190	4
王O	78,662.00		
郭O強	50,448.00		
鄭O花	72,056.00		
陳O十	37,266.00		

點選可察看明細

筆數：4/28 過濾條件: 業務員姓名=="劉O大"

142

上機演練八:
運用AI人工智慧機器學習
進行挪用保費預測查核

金融AI稽核

143

上機演練八:挪用保費預測查核
稽核流程圖

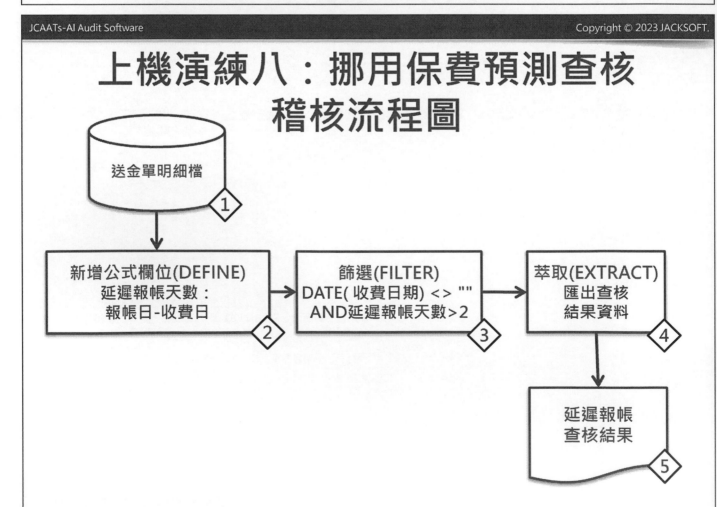

144

JCAATs 機器學習功能的特色：

1. **不須外掛程式即可直接進行機器學習**
2. **提供SMOTE功能**來處理不平衡的數據問題，這類的問題在審計的資料分析常會發生。
3. 提供使用者在選擇機器學習算法時可自行依需求採用兩種不同選項：**用戶決策模式**(自行選擇預測模型)或**系統決策模式**(將預測模式全選)，讓機器學習更有彈性。
4. **JCAATs使用戶能夠自行定義其機器學習歷程。**
5. 提供有商業資料機器學習較常使用的方法，如**決策樹(Decision Tree)**與**近鄰法(KNN)**等。
6. 可進行**二元分類**和**多元分類**機器學習任務。
7. 提供**混淆矩陣圖和表格**，使他們能夠獲得有價值的機器學習算法，表現洞見。
8. 在執行訓練後提供**三個性能報告**，使用戶能夠更輕鬆地分析與解釋訓練結果。
9. 機器學習的速度更快速。
10. 在集群(CLUSTER)學習後，提供一個圖形，使用戶能夠可視化數據聚類。

145

取得資料

資料→複製另一專案資料表

146

承保資料_預測

承保資料_訓練

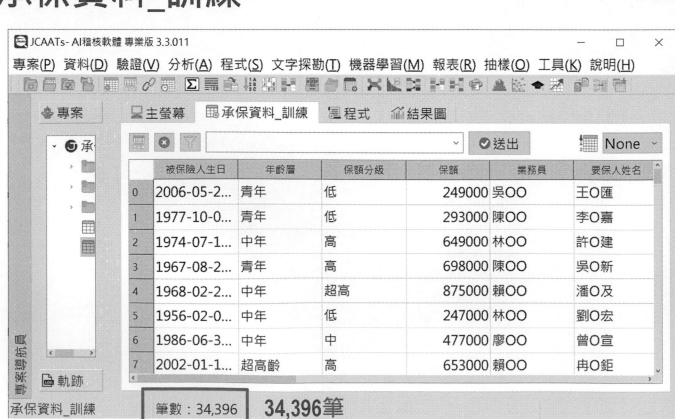

決策樹案例說明：烘烤披薩難吃與好吃

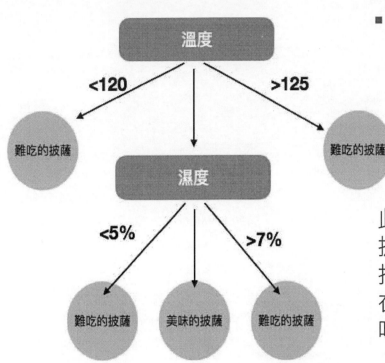

- 機器學習特徵欄位
  - 溫度
  - 濕度

此決策樹的知識模型：烘烤披薩的過程中，只要溫度維持在120–125度，濕度維持在5%-7%，就會是一個美味的披薩。

資料來源： Yeh James, 2017, https：//medium.com/jameslearningnote/

機器學習演算法：決策樹(Decision Tree)

- 決策樹是一種監督式機器學習算法，可用於解決分類和回歸問題。它**基於樹狀結構**，一個決策樹包含三種類型的節點：
  - 決策節點：通常用矩形框來表示
  - 機會節點：通常用圓圈來表示
  - 終結點：通常用三角形來表示

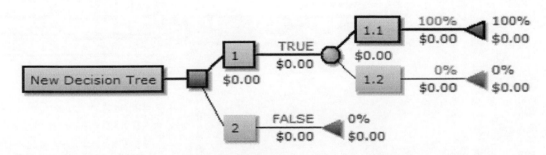

- 決策樹訓練過程涉及從訓練數據集中選擇最佳特徵進行切分，使得子樹中的樣本能夠被分類到同一類別或同一回歸值。選擇最佳特徵的標準是基於信息增益、基尼(Gini)指數或平方差等。

學習指令條件設定：

機器學習→學習

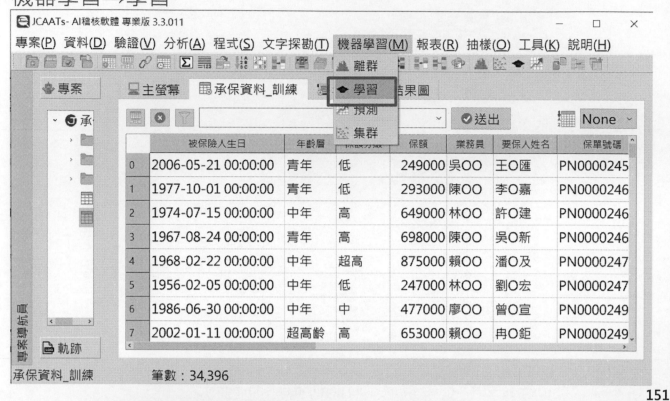

學習指令條件設定：

- 機器學習→學習
- 訓練目標：
  異常
- 預測模型：
  Decision Tree
- 訓練對象：
  (1)被保險人生日、
  (2)年齡層、
  (3)保額分級、
  (4)保額、
  (5)業務員、
  (6)要保人姓名
  成為要訓練的特徵
  欄位。

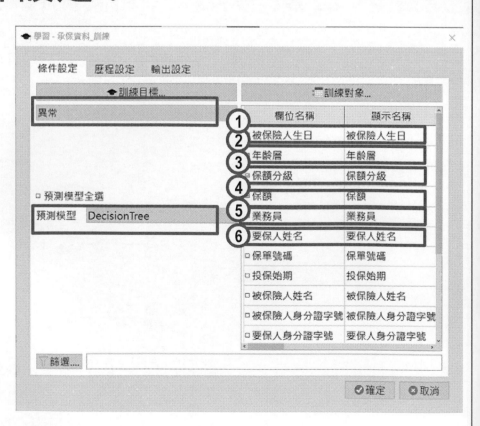

學習歷程設定：

機器學習→學習→歷程設定

- 文字類缺失值處理：捨棄
- 數字類缺失值處理：捨棄
- 文字分類欄位處理：**LabelEncoder**(有大小順序)
- 不平衡資料處理：勾選 **20**
- 資料分割策略：**80/20**

*JCAATs 特別提供學習歷程，讓使用者可以充分了解學習的歷程後容易分析與解釋學習後的成果。

153

訓練指令輸出設定：

機器學習→學習→輸出設定

- 結果輸出：模組
- 名稱：異常承保訓練結果

此指令會輸出三個結果資料表：

1) 彙總報告 SummaryReport、
2) 績效指標 PerformanceMetric、
3) 混沌矩陣 ConfusionMatric、

154

學習結果產出：

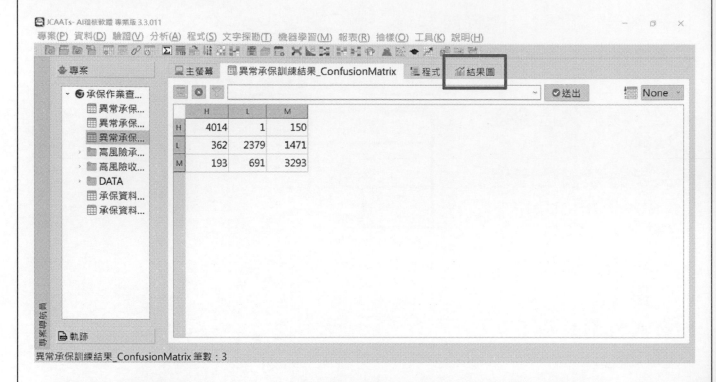

解讀第一張結果表[DescionTree1_客戶流失預測_ConfusionMatric]混沌矩陣，
顯示各象限筆數資料。

155

學習結果產出：

■ 從混沌矩陣資料表及結果圖可看出本次學習結果：
- 預測與實際結果相同的有：
9,686筆
(4014+2379+3293)
- 而預測結果與實際結果不相同的有2,868筆
(1+150+362+1471+193+691)
- 總共有12,556筆
(4014+2379+3293+1+150+362+1471+193+691)

點選[結果圖]頁籤則可覽圖形化的混沌矩陣。

156

學習結果產出：
解讀第二張結果表： PerformanceMetric 績效指標 相關指標

| 主螢幕 | 異常承保訓練結果_PerformanceMetrics | 程式 | 結果圖 |

	Name	Value	Indicator	Model
0	Accuracy	0.7715469173171897	Metric	DecisionTree
1	Precision_weight	0.7743416743319399	Metric	DecisionTree
2	Recall_weight	0.7715469173171897	Metric	DecisionTree
3	F1_weight	0.7651805354987569	Metric	DecisionTree
4	被保險人生日_month	0.4886633300542655	Importance	DecisionTree
5	被保險人生日_day	0.21793915525469765	Importance	DecisionTree
6	被保險人生日_year	0.18971080686421302	Importance	DecisionTree
7	被保險人生日_hour	0.1036867078268238	Importance	DecisionTree
8	被保險人生日_minute	0.0	Importance	DecisionTree
9	被保險人生日_second	0.0	Importance	DecisionTree
10	年齡層	0.0	Importance	DecisionTree
11	保額分級	0.0	Importance	DecisionTree

ceMetrics 筆數：15

Performance Metric結果說明

- 從Metric(指標)可以看到機器學習效果，整體效果99.67%以上可以被正確預測。
  - Accuracy(準確度) = 77.15%
  - Precision_Weight(精確度_權重) = 77.43%
  - Recall_Weight(召回率_權重)=77.15%
  - F1_Weight = 76.51%
    F1等效於評價precision和recall的整體效果， 表示76.51%的預測效果

- Importance可以看出重要特徵欄位是哪些
  - 從結果可以看到重要程度最高的是：被保險人生日_month、被保險人生日_day，分別佔了48.86%及21.79%
  - 保額及表定保費相加就佔了70.83%
  - 有幾個特徵如 年齡層=0.0 表示其對保費是否異常並無影響

學習結果產出：

解讀第三張結果表SummaryReport 彙總報告。

	index	precision	recall	f1-score	support	model
0	H	0.8785292186474064	0.9637454981992797	0.9191664758415387	4165.0	DecisionTree
1	L	0.7746662324975578	0.5648148148148148	0.6533022106274886	4212.0	DecisionTree
2	M	0.6701261701261702	0.7883648551592052	0.7244527554724453	4177.0	DecisionTree
3	accuracy	0.7715469173171897	0.7715469173171897	0.7715469173171897	0.7715469173171897	DecisionTree
4	macro avg	0.7744405404237115	0.7723083893910999	0.7656404806471575	12554.0	DecisionTree
5	weighted avg	0.7743416743319399	0.7715469173171897	0.7651805354987569	12554.0	DecisionTree

- H分類， 精確度 0.8785， 召回率0.9637, F1 0.9191 顯示當學習 H時有不錯的效果
- macro avg：每個類別評估指標未加權的平均值，比如準確率的 macro avg，(0.87+0.77+0.67)/3=0.77
- weighted avg：為加權平均值0.7743

159

預測承保_第四季資料

機器學習→預測

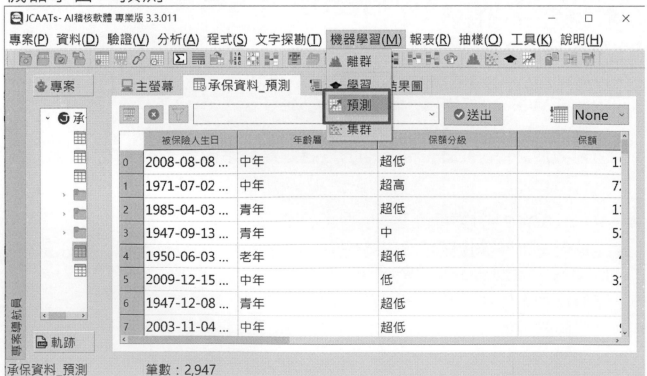

承保資料_預測　　　　筆數：2,947

160

預測(Predit)指令條件設定：

- 機器學習→預測
- **預測模型檔：**
  選取具有*.jkm副檔名的檔案
  異常承保訓練結果知識模型。
- **顯示欄位：**
  全選

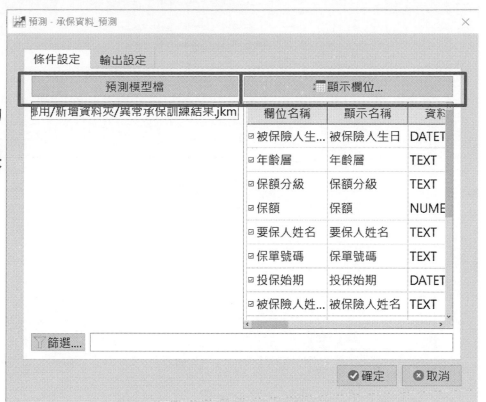

161

預測(Predit)輸出設定

機器學習→預測→輸出設定

- **結果輸出：**
  資料表
- **名稱:**
  異常承保預測結果

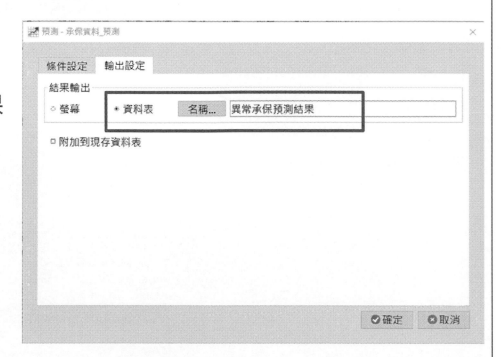

162

預測(Predit)結果檢視
開啟資料表，此時在表格會新增有Predict_ 異常 (預測值)和Probability (可能性)二欄位。

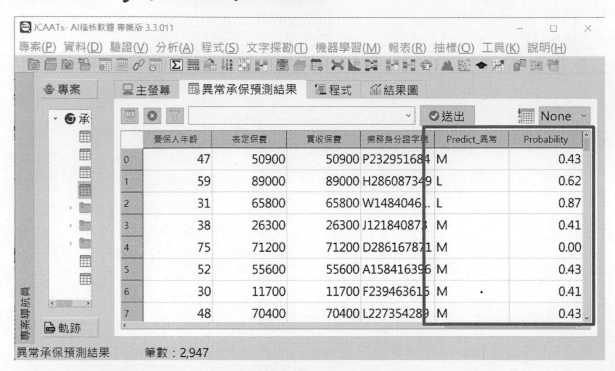

163

分析預測結果：Classify(分類)

- 分類：
  Predict_ 異常

- 點選分類 "H"，
  查看預測保費異常
  明細，來擬訂對策

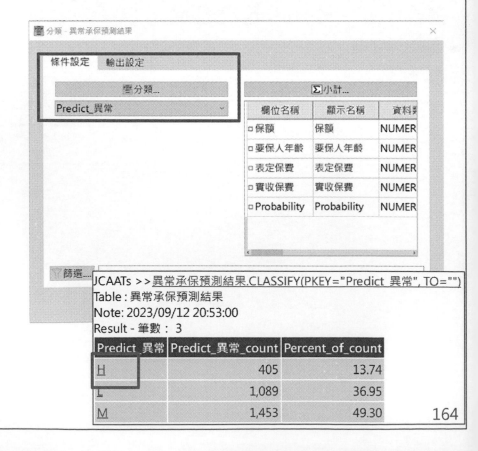

164

往下點選取得預測結果明細資料：
針對明細資料作為後續行動方案進行參考

資料萃取(Extract)：
將可能流失名單萃取成為報表

166

完成報表：異常承保抽查案件預測清單

筆數：405　　　共405筆

167

報表分析： Classify(分類)業務員

- **分類：
  業務員**

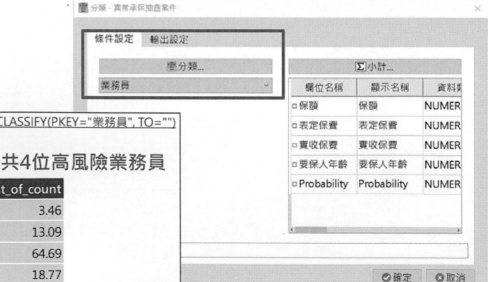

JCAATs >>異常承保抽查案件.CLASSIFY(PKEY="業務員", TO="")
Table : 異常承保抽查案件
Note: 2023/09/12 20:57:01　　共4位高風險業務員
Result - 筆數：4

業務員	業務員_count	Percent_of_count
彭OO	14	3.46
李OO	53	13.09
林OO	262	64.69
賴OO	76	18.77

168

圖表分析：高風險業務員

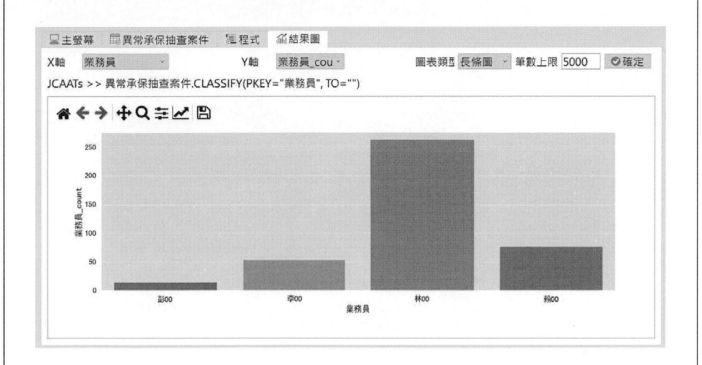

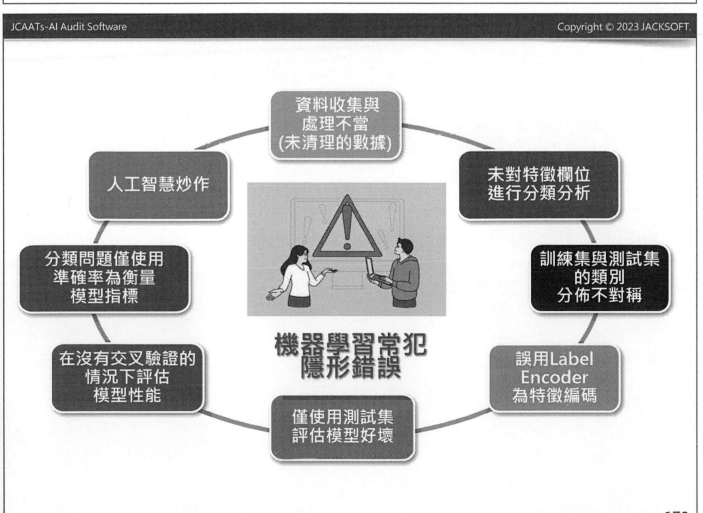

JCAATs 內建機器學習協助
稽核解決常見問題

無須外掛機器學習演算法
直覺與簡單

多種機器學習算法

同時提供用戶決策
或系統決策模式

用戶可自行設定
學習路線

SOMTE機制解決
不對稱資料問題

操作簡單與直接

多元分類能力

視覺化混淆矩陣

多種評估報告

白箱式作業學習
結果具備解釋力，
預測結果容易溝通

171

機器學習指令內建演算法：
邏輯斯回歸 (Logistic Regression)

- Logistic Regression（LR）是一種監督式學習算法，用於解決二元分類問題或多元分類問題。它是一種線性分類器，用於估計因變量的概率。

- LR的核心思想是**基於線性迴歸**，但它將線性迴歸的輸出通過一個稱為 Sigmoid函數的非線性函數進行轉換，將輸出限制在0和1之間，以表示分類的概率。

- 訓練LR模型涉及最大化訓練數據集的對數概率，通常使用最大似然估計進行實現。為了防止過度擬合，通常會在最大似然估計的目標函數中添加一個正則化項。

- 邏輯斯分布公式：

$$P(Y = 1 | X = x) = \frac{e^{x'\beta}}{1 + e^{x'\beta}}.$$

其中參數β常用最大概似估計。

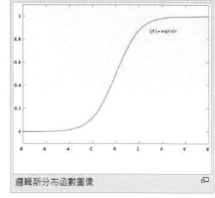

邏輯斯分布函數圖像

資料來源：維基百科

172

機器學習指令內建演算法：
隨機森林(Random Forest)

- Random Forest（隨機森林）是一種集成學習方法，通常用於**解決監督式學習中的分類和回歸問題**。它基於決策樹算法，通過將多棵決策樹組合在一起來提高預測準確率和泛化能力。

- 隨機森林算法的核心思想是**在每次訓練決策樹時，從原始數據集中隨機選取一部分數據樣本和特徵樣本進行訓練**。這樣可以減少過度擬合的可能性，同時也提高了算法的效率和魯棒性。

- 隨機森林通常用於解決高維數據集的問題，並且可以處理具有複雜決策邊界的問題。此外，由於隨機森林可以提供每個特徵的重要性得分，因此它也可以用於特徵選擇。

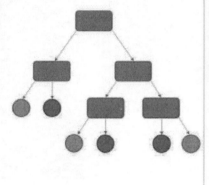
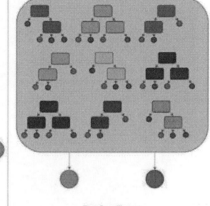

Decision Tree　　　　　　　　　　　Random Forest

資料來源：維基百科　　　　　　　•File:Decision Tree vs. Random Forest.png　　173

機器學習指令內建演算法：
支持向量機(SVM)

- SVM（Support Vector Machine，支持向量機）是一種監督式學習算法，主要用於**解決二元分類問題和多元分類問題**。SVM的目標是**找到一個最優的超平面，可以將數據集分為兩類，並使分類邊界的邊際最大化**。

- 在SVM中，將每個數據點看作一個n維向量，其中n是特徵數。

- SVM的目標是**找到一個分類邊界（超平面），它可以將數據集分為兩類，並且離分類邊界最近的數據點到分類邊界的距離（稱為邊際）最大**。

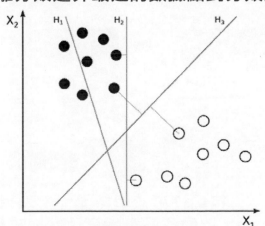

H1 不能把類別分開。
H2 可以，但只有很小的間隔。
H3 以最大間隔將它們分開。

•File:Svm separating hyperplanes (SVG).svg　　　　　　　　資料來源：維基百科　174

機器學習技術讓事前審計成為可能

不只有超跑！杜拜警方導入機器學習犯罪預測系統

2016.12.26 by 高敏原

拜警方除了用跑車來當作警車來打擊犯罪，現在更進一步要運用機器學習技術，來協助警方預測犯罪的發生！

運用機器學習演算法判斷犯罪熱區

https://www.bnext.com.tw/article/42513/dubai-police-crime-prediction-software

INTERNATIONAL

犯罪時間地點AI都可「預測」？美國超過50個警察部門已開始應用

https://cnews.com.tw/002181030a06/

175

AI智慧化稽核流程

～透過最新AI稽核技術建構內控三道防線的有效防禦，協助內部稽核由事後稽核走向事前稽核～

事後稽核

查核規劃	程式設計	執行查核	結果報告
■ 訂定系統查核範圍，決定取得及讀取資料方式	■ 資料完整性驗證，資料分析稽核程序設計	■ 執行自動化稽核程式	■ 自動產生稽核報告

事前稽核

成果評估	預測分析	機器學習	學習資料
■ 預測結果評估	■ 執行預測	■ 執行訓練	■ 建立學習資料

監督式機器學習　　　非監督式機器學習

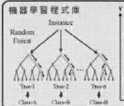

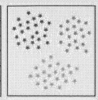

持續性稽核與持續性機器學習協助作業風險預估開發步驟

176

持續性稽核及持續性監控管理架構

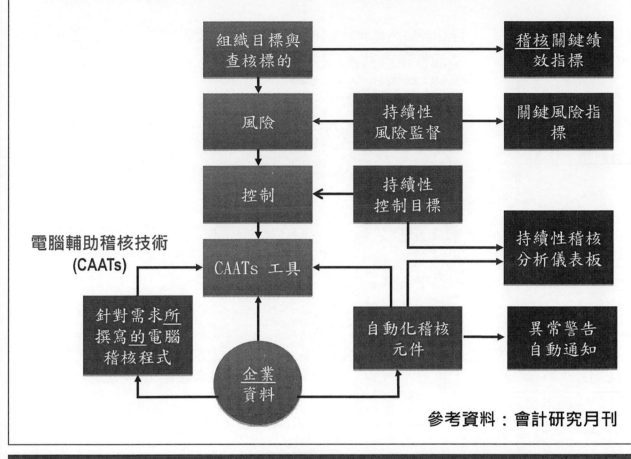

組織目標與查核標的 → 稽核關鍵績效指標

持續性風險監督

風險 ← 持續性風險監督 → 關鍵風險指標

控制 ← 持續性控制目標

電腦輔助稽核技術 (CAATs) → CAATs 工具

持續性稽核分析儀表板

針對需求所撰寫的電腦稽核程式

企業資料

自動化稽核元件 → 異常警告自動通知

參考資料：會計研究月刊

177

內控三道防線有效防禦實務應用

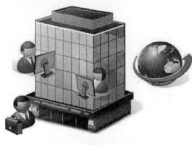

- 本質上的勘查與調查
- 找出證據證明結論與提出建議

- 從多重資料來源定期進行分析作業
- 改善查核效率、一致性、與品質

- 對主要營業循環進行線上持續性稽核與監控
- 對任何不正常趨勢、型態、以及例外情形及時通報
- 支援風險評估和促使組織運行更有效率

專案性分析-

- ✓ 專案分析審查
- ✓ 在特定時間進行
- ✓ 以產生查核報告為目的

重複性分析

- ✓ 管理例行性分析作業
- ✓ 由資料分析專家產生
- ✓ 在集中安全的環境中使用，可讓所有部門同仁運用

持續性分析

- ✓ 持續地進行自動化稽核測試作業，辨識出他們所發生的錯誤、異常資料、不正常型態、及例外資料

178

JTK 持續性電腦稽核管理平台

開發稽核自動化元件　　　經濟部發明專利第 I 380230號　　　稽核結果E-mail 通知

稽核元件知識庫

電腦稽核軟體

持續性電腦稽核/監控管理平台
Jacksoft ToolKits For Continuous Auditing, JTK

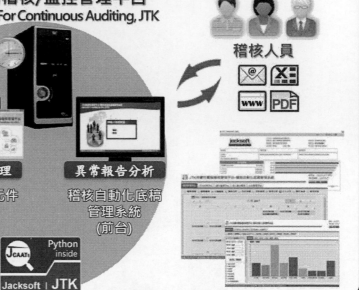

稽核人員

稽核知識管理　　　異常報告分析
稽核自動化元件　　稽核自動化底稿
管理系統　　　　　管理系統
（後台）　　　　　（前台）

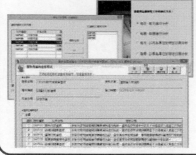

稽核自動化元件管理　　　　　　稽核自動化底稿管理與分享

■稽核自動化：電腦稽核主機
一天24小時一周七天的為我們工作。

JTK | Jacksoft ToolKits For Continuous Auditing
The continuous auditing platform

179

如何建立JCAATs專案持續稽核

➢ 持續性稽核專案進行六步驟：

| 1 • 資料 | 2 • 程式 | 3 • 設定 | 4 • 排程 | 5 • 執行 | 6 • 通知 |

▲稽核自動化：

電腦稽核主機 - 一天可以工作24 小時

180

JACKSOFT的JBOT
業務員挪用客戶保費查核機器人範例

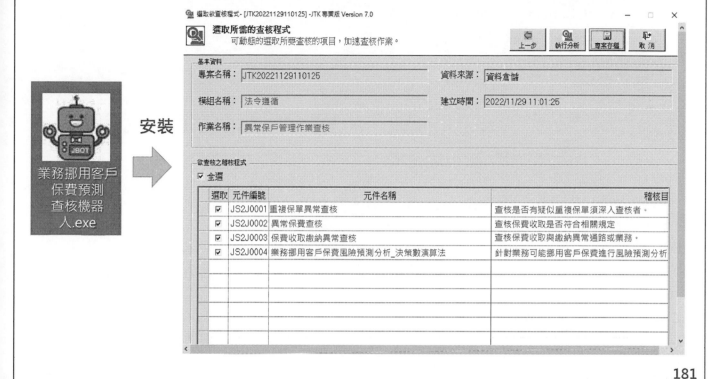

業務挪用客戶
保費預測
查核機器
人.exe

安裝

選取	元件編號	元件名稱	稽核目
✓	JS2J0001	重複保單異常查核	查核是否有疑似重複保單須深入查核者。
✓	JS2J0002	異常保費查核	查核保費收取是否符合相關規定
✓	JS2J0003	保費收取繳納異常查核	查核保費收取與繳納異常通路及業務。
✓	JS2J0004	業務挪用客戶保費風險預測分析_決策數演算法	針對業務可能挪用客戶保費進行風險預測分析

JBOT-Insurance
保險業 AI稽核機器人

個資
保護

洗錢
防制

數位
金融

招攬
核保

資訊
安全

理賠
給付

法令
遵循

契約
保全

會計
出納

資金
運用

電腦輔助稽核工作應用學習Road Map

資安科技　　　　永續發展　　　　稽核法遵

國際網際網路稽核師　國際資料庫電腦稽核師　　ICEA國際ESG稽核師　　國際ERP電腦稽核師　國際鑑識會計稽核師

國際電腦稽核軟體應用師

183

專業級證照- ICCP

國際電腦稽核軟體應用師(專業級)
International Certified CAATs Practitioner

 CAATs
-Computer-Assisted Audit Technique
強調在電腦稽核輔助工具使用的職能建立

職能	說明
目的	證明稽核人員有使用電腦稽核軟體工具的專業能力。
學科	電腦審計、個人電腦應用
術科	CAATs 工具

184

JCAATs 學習筆記：

歡迎加入 法遵科技 Line 群組
~免費取得更多電腦稽核應用學習資訊~

法遵科技知識群組

有任何問題，歡迎洽詢 JACKSOFT
將會有專人為您服務
官方Line：@709hvurz

「法遵科技」與「電腦稽核」專家

傑克商業自動化股份有限公司　　台北市大同區長安西路180號3F之2(基泰商業大樓) 知識網:www.acl.com.tw
　　　　　　　　　　　　　　　TEL:(02)2555-7886　　FAX:(02)2555-5426　　E-mail:acl@jacksoft.com.tw

參考文獻

1. 黃秀鳳，2023，JCAATs 資料分析與智能稽核，ISBN9789869895996

2. 黃士銘，2015，ACL 資料分析與電腦稽核教戰手冊(第四版)，全華圖書股份有限公司出版，ISBN 9789572196809.

3. 黃士銘、嚴紀中、阮金聲等著(2013)，電腦稽核─理論與實務應用(第二版)，全華科技圖書股份有限公司出版。

4. 黃士銘、黃秀鳳、周玲儀，2013，海量資料時代，稽核資料倉儲建立與應用新挑戰，會計研究月刊，第 337 期，124-129 頁。

5. 黃士銘、周玲儀、黃秀鳳，2013，"稽核自動化的發展趨勢"，會計研究月刊，第 326 期。

6. 黃秀鳳，2011，JOIN 資料比對分析-查核未授權之假交易分析活動報導，稽核自動化第 013 期，ISSN:2075-0315。

7. 2022，ICAEA，"國際電腦稽核教育協會線上學習資源"
    https://www.icaea.net/English/Training/CAATs_Courses_Free_JCAATs.php

8. 2020，USTV 非凡電視，"內控 5 缺失!金管會罕重手開鍘 新光人壽吃 2760 萬罰單"
    https://www.youtube.com/watch?v=z6GCAiFEJ94

9. 2019，《現代保險》雜誌，"偽造保單 新壽業務員私吞 2 千萬保費"
    https://www.rmim.com.tw/news-detail-23882

10. 2019，好險網，"新壽業務偽造假保單　7 年侵占保費 2 千萬"
    https://www.phew.tw/article/cont/phewpoint/current/topic/7136/201908127136

11. 2019，金融監督管理委員會保險局，"訂定保險業保險經紀人公司及保險代理人公司防範保險業務員挪用侵占保戶款項相關內控作業規定"
    https://www.ib.gov.tw/ch/home.jsp?dataserno=201912120001&dtable=Law&id=3&mcustomize=lawnew_view.jsp&parentpath=0

12. 2019，金融監督管理委員會，"保險業保險經紀人公司及保險代理人公司防範保險業務員挪用侵占保戶款項相關內控作業規定"
    https://law.fsc.gov.tw/LawContent.aspx?id=GL002819

13. 2019，聯合報，"防不肖業務員侵占保費 保險局訂六道防線"
    https://udn.com/news/story/7239/4243112

14. 2018，匯流新聞網，"犯罪時間地點 AI 都可「預測」？美國超過 50 個警察部門已開始應用"
    https://cnews.com.tw/002181030a06/

15. 2018，ACL， "Bribery and corruption: The essential guide to managing risks"
    https://acl.software/ebook/bribery-corruption-essential-guide-managing-risks/

16. 2017，蘋果日報，"郵局金牌保險員 竟盜 3 億保費"
https://tw.appledaily.com/headline/20170726/PLHCKBIP5KCI4MWHI23XSINIAI/

17. 2017，工商時報，"獨家！郵局驚爆員工侵占 4 億保費 保險局：最重罰 300 萬！"
https://ctee.com.tw/livenews/aj/chinatimes/20170724005312-260410

18. 2016，工商時報，"前富邦人壽女業務侵吞 19 萬保費 被訴"
https://www.chinatimes.com/realtimenews/20160909002981-260402?chdtv

19. 2016，數位時代，"不只有超跑！杜拜警方導入機器學習犯罪預測系統"
https://www.bnext.com.tw/article/42513/dubai-police-crime-prediction-software

20. 2009，經濟日報，"南山人壽 禁止徵員三個月"
https://money.udn.com/wealth/storypage.jsp?f_ART_ID=183748

21. Galvanize
https://www.wegalvanize.com/

22. AICPA，"美國會計師公會稽核資料標準"
https://us.aicpa.org/interestareas/frc/assuranceadvisoryservices/auditdatastandards

23. Robotic Process Automation + Analytics
https://practicalanalytics.wordpress.com/tag/rpa/

24. GIFER，
https://gifer.com/es/8nQz

25. PNGWING，
https://www.pngwing.com/en/search?q=grant+Writing

26. ACL，"Conducting Effective Investigations"
https://info.acl.com/CW-Investigations-eBook.html

27. Python
https://www.python.org/

28. "企業管理新思維-穿越危機而永續發展"
David Denyer, Cranfield University

29. "機器學習如何協助您進行風險評估"
https://www.wegalvanize.com

30. 維基百科，"支持向量機(SVM) "
https://zh.wikipedia.org/wiki/%E6%94%AF%E6%8C%81%E5%90%91%E9%87%8F%E6%9C%BA

31. 維基百科，"隨機森林(Random Forest) "
https://zh.wikipedia.org/zh-tw/%E9%9A%8F%E6%9C%BA%E6%A3%AE%E6%9E%97

32. 維基百科，"邏輯斯回歸 (Logistic Regression)"
https://zh.wikipedia.org/zh-tw/%E9%82%8F%E8%BC%AF%E8%BF%B4%E6%AD%B8

33. 維基百科，"K-近鄰演算法"
https://zh.wikipedia.org/zh-tw/K-%E8%BF%91%E9%82%BB%E7%AE%97%E6%B3%95

34. 維基百科，"決策樹(Decision Tree)
https://zh.wikipedia.org/zh-tw/%E5%86%B3%E7%AD%96%E6%A0%91"

作者簡介

黃秀鳳 Sherry

現　　任

傑克商業自動化股份有限公司　總經理

ICAEA 國際電腦稽核教育協會 台灣分會　會長

台灣研發經理管理人協會　秘書長

專業認證

國際 ERP 電腦稽核師(CEAP)

國際鑑識會計稽核師(CFAP)

國際內部稽核師(CIA) 全國第三名

中華民國內部稽核師

國際內控自評師(CCSA)

ISO 14067:2018 碳足跡標準主導稽核員

ISO27001 資訊安全主導稽核員

ICAEA 國際電腦稽核教育協會認證講師

ACL Certified Trainer

ACL 稽核分析師(ACDA)

學　　歷

大同大學事業經營研究所碩士

主要經歷

超過 500 家企業電腦稽核或資訊專案導入經驗

中華民國內部稽核協會常務理事/專業發展委員會　主任委員

傑克公司　副總經理/專案經理

耐斯集團子公司　會計處長

光寶集團子公司　稽核副理

安侯建業會計師事務所　高等審計員

國家圖書館出版品預行編目(CIP)資料

金融 AI 稽核 ： 保險業務挪用客戶保費預測性查核
／ 黃秀鳳作. -- 1 版. -- 臺北市：傑克商業自
動化股份有限公司，2023.09
面 ； 公分. -- （國際電腦稽核教育協會認
證教材）(AI 智能稽核實務個案演練系列)
ISBN 978-626-97833-3-5(平裝)

1.CST: 稽核 2.CST: 管理資訊系統 3.CST: 人
工智慧 4.CST: 保險業

494.28   112016112

金融 AI 稽核-保險業務挪用客戶保費預測性查核

作者 / 黃秀鳳

發行人 / 黃秀鳳

出版機關 / 傑克商業自動化股份有限公司

地址 / 台北市大同區長安西路 180 號 3 樓之 2

電話 / (02)2555-7886

網址 / www.jacksoft.com.tw

出版年月 / 2023 年 09 月

版次 / 1 版

ISBN / 978-626-97833-3-5